地质灾害治理相关系统优化提升项目资助
地质灾害数字孪生试点成果研究与应用项目资助

显生宙初期有机质富集新秩序的建立

——基于寒武纪早期有机质类型及微体古生物组合的研究

郑书粲　张　晏　张　磊　蔡雄翔　卢雪松　冯庆来　著

中国矿业大学出版社
·徐州·

内 容 提 要

海相烃源岩的评估属于国家能源的重要课题，与国民经济重大需求息息相关。本书旨在促进我国烃源岩的科学评估和石油天然气甜点的准确预测。研究基于我国寒武纪早期沉积的一套极具开发潜力的海相富有机质烃源岩，对沉积有机质富集机理进行了探讨，该问题属于烃源岩评价的技术瓶颈问题之一。与成烃生物协同发展的古海洋生态环境、古生产力和古海洋水环境是否为有机质的富集提供了良好的环境基础，有机质富集的促进机理应该如何解释；不同来源和类型的有机质最终是以何种形式和状态历经漫长的地质历史时期而稳固地保存于地层中的，其结合方式、分布规律和内在关联是怎样的，这些都是亟待解决的科学问题。本书对这些问题展开了研究，研究成果对基础研究走向应用有一定促进作用。

本书适合油气地质学、沉积地质学和储层地质学等专业技术人员参考使用。

图书在版编目(CIP)数据

显生宙初期有机质富集新秩序的建立 / 郑书粲等著
.— 徐州 ：中国矿业大学出版社，2023.12
ISBN 978 - 7 - 5646 - 6091 - 8

Ⅰ.①显… Ⅱ.①郑… Ⅲ.①海相生油—烃源岩—研究—中国 Ⅳ.①P618.130.2

中国国家版本馆 CIP 数据核字(2023)第 247389 号

书　　名　显生宙初期有机质富集新秩序的建立
　　　　　　——基于寒武纪早期有机质类型及微体古生物组合的研究
著　　者　郑书粲　张　晏　张　磊　蔡雄翔　卢雪松　冯庆来
责任编辑　吴学兵
出版发行　中国矿业大学出版社有限责任公司
　　　　　　(江苏省徐州市解放南路　邮编 221008)
营销热线　(0516)83885370　83884103
出版服务　(0516)83995789　83884920
网　　址　http://www.cumtp.com　**E-mail**:cumtpvip@cumtp.com
印　　刷　苏州市古得堡数码印刷有限公司
开　　本　787 mm×1092 mm　1/16　**印张** 11　**字数** 203 千字
版次印次　2023 年 12 月第 1 版　2023 年 12 月第 1 次印刷
定　　价　50.00 元
(图书出现印装质量问题，本社负责调换)

前　言

我国华南寒武系底部沉积了一套极具开发潜力的海相富有机质烃源岩，对于烃源岩的评价，沉积有机质分布的控制因素以及有机质富集模式一直是尚待回答的热点问题。近年来，随着前寒武纪—寒武纪界线硅质生物的起源与繁盛和生命演化研究的突破性进展，各类生物在生态系统中扮演的角色及其对富有机质烃源岩的形成起到的促进作用备受关注，影响方式也越来越明晰。本书主题聚焦于我国寒武纪早期海相烃源岩的开发潜力研究和甜点预测。海相烃源岩的评估属于国家能源的重要课题，与国民经济重大需求息息相关。

本书对沉积有机质富集机理这一烃源岩评价的技术瓶颈问题进行了探讨，并在一定程度上阐明了有机质富集与保存研究的争论点，分析了其局限性，探讨了古海洋生态环境、古生产力和氧化还原环境与成烃生物协同发展关系，解释了沉积有机质富集的促进机理，分析了不同来源和类型的有机质的赋存状态、保存方式、分布规律和内在关联。本书对这些问题展开了研究，研究成果对基础研究走向应用有一定的促进作用。

由于作者水平所限，书中难免有不妥之处，敬请广大读者批评指正。

作　者

2023 年 10 月

目　录

第 1 章　绪论 ………………………………………………………………… 1
1.1　选题依据和研究意义……………………………………………………… 1
1.2　研究现状………………………………………………………………… 4
1.3　本书研究内容和研究思路 ……………………………………………… 25

第 2 章　区域地质背景和地层划分对比………………………………………… 27
2.1　交通位置及自然地理概况 ……………………………………………… 27
2.2　区域地质背景 …………………………………………………………… 28
2.3　研究区地层划分对比 …………………………………………………… 30

第 3 章　材料与方法……………………………………………………………… 40
3.1　地球化学测试 …………………………………………………………… 41
3.2　孢粉有机质提取和统计 ………………………………………………… 42
3.3　扫描电镜实验 …………………………………………………………… 44
3.4　化石酸处理 ……………………………………………………………… 45

第 4 章　研究区寒武纪早期微体古生物化石组合………………………………… 46
4.1　中国寒武纪早期有机质壁微体化石分布 ……………………………… 46
4.2　研究区有机质壁化石 …………………………………………………… 47
4.3　研究区微体古生物化石分布特征 ……………………………………… 70

第 5 章　无定型有机质和结构有机质…………………………… 76
5.1　沙滩剖面孢粉有机质地层分布和含量统计 ………… 76
5.2　滚石坳剖面孢粉有机质地层分布和含量统计 ……… 85
5.3　罗家村剖面孢粉有机质地层分布和含量统计 ……… 91

第 6 章　研究区寒武纪早期沉积环境特征……………………… 98
6.1　沙滩剖面 ……………………………………………… 98
6.2　罗家村剖面……………………………………………… 103

第 7 章　中上扬子寒武纪早期有机质分布和保存的
控制因素 ……………………………………………… 109
7.1　“生产力模式”和“保存模式”对有机质保存解释的
局限性…………………………………………………… 110
7.2　有机质来源与有机质保存的关系……………………… 114
7.3　微体生物组合与有机质保存的关系…………………… 116
7.4　生物硅和有机质保存的关系…………………………… 121

第 8 章　结论 ……………………………………………… 127

参考文献 …………………………………………………… 129

第1章　绪　　论

1.1　选题依据和研究意义

1.1.1　选题依据

海相烃源岩的评估属于国家能源的重要课题，与国民经济重大需求息息相关。本书旨在促进我国烃源岩的科学评估和石油天然气甜点的准确预测。研究基于我国寒武纪早期沉积的一套极具开发潜力的海相富有机质烃源岩，对沉积有机质富集机理进行了探讨。此类问题属于烃源岩评价的技术瓶颈问题之一，包括与成烃生物协同发展的古海洋生态环境、古生产力和古海洋水环境是否为有机质的富集提供了良好的环境基础；有机质富集的促进机理应该如何解释；不同来源和类型的有机质最终是以何种形式和状态历经漫长的地质历史时期而稳固地保存于地层中的，其结合方式、分布规律和内在关联是怎样的，这些都是亟待解决的科学问题。本书对这些问题展开了研究，研究成果对基础研究走向应用有一定促进作用。

1.1.2 研究意义

晚前寒武纪至寒武纪早期的生物面貌发生了根本性的改变，生物和古海洋环境的相互作用彻底改变了生态系统，也颠覆了沉积有机质的富集和保存方式。寒武纪早期沉积有机质的来源非常丰富，并且其保存方式受到了逐渐复杂的生态系统的影响。例如，不同于前寒武纪，寒武纪早期的生物圈已不由蓝细菌微生物席主导，大量的真核浮游植物和后生生物群开始爆发，使得寒武纪早期沉积有机质的来源非常丰富。古生代早期微体浮游植物化石记录对于全球古生态解释至关重要，并且对有机质保存有着巨大启示作用。因此，本书对我国寒武纪有机质壁微体化石进行了详尽统计，从近30年发表的相关文献中收集并确定了我国寒武纪早期从幸运阶至第三阶以疑源类为主的有机质壁微体化石的地层分布，总共收集到化石79属共138种，弥补了人们对于全球，尤其是我国寒武纪微体浮游植物的多样性的了解。此外，为了更深入地揭示寒武纪早期微体生物的面貌，本书运用孢粉有机质实验、切片观察、化石酸处理和扫描电镜原位观察，以及生物显微镜下鉴定等方法，在扬子北缘寒武纪早期川北南江沙滩剖面、鄂西宜昌秭归滚石坳剖面和罗家村剖面获得了大量的微体浮游植物化石共64属，同时获得大量宏观藻类化石碎片和包括海绵骨针和小壳化石有机质内衬、动物碎片、粪便化石微粒在内的小型碳质化石(SCFs)。

在研究区获得的大量微体古生物化石，打开了探讨有机质富集和保存的新窗口。利用孢粉有机质实验的手段得到的无定型有机质(AOM)是寒武纪早期的沉积有机质的主要赋存形式，这代表了寒武纪早期扬子板块大陆边缘广泛存在有机相。AOM和微体浮游植物化石数值上的相关性表明，AOM来源于该时期海洋中大量的微体浮游藻类、疑源类、真菌、蓝细菌和宏观藻类。南江沙滩剖面筇竹寺组及秭归罗家村剖面岩家河组和水井沱组的AOM,可以在氧化至次氧化的层位高效保存,因为有机质从形成过程中产生的各种地质聚合反应产物中获得了选择性保护,这表明有机质的保存不仅受到了以往备受关注的海洋环境的影响,同时也受到了自身组分耐降解性的影响。

新元古代至寒武纪期间是动物演化的重要时期,寒武纪动物的爆发驱动了海洋物理化学环境的改变和生态系统的转变,同时也改变了有机质的保存方式。研究区获得的大量的动物SCFs和粪便化石微粒是微体生物组合的核心特征。动物对有机质保存起到的促进作用,与其生命活动有关,包括牧食、排便等,这些生命活动在海洋透光带和沉积物之间使得有机质的沉降速率变快,从而促进了有机质的保存,这是寒武纪早期有机质保存的重要特征。粪便化石微粒上有明显的动物消化道或肠道收缩挤压痕迹,有些粪便包裹有小型的疑源类,这从侧面反映了当时动物的牧食特征和消化道结构。据考证,小壳化石、海绵骨针、放射虫、三叶虫、腕足类以及其他大量后生动物都有可能与此相关。

近年来,寒武纪早期硅质生物(放射虫和六射海绵)的研究也有了突破性进展。以往的研究中,生物硅的含量对生产力的指示作用早已受到学者们的关注,最新的研究表明,浮游植物和硅质生物的共生关系促进了有机质的保存。新元古代至寒武纪早期硅质生物起源和繁盛的若干重大发现,为沉积有机质富集和保存机理研究提供了新思路。此次研究表明,南江沙滩剖面筇竹寺组及秭归罗家村剖面岩家河组和水井沱组的硅来源于生物,极少层位受到陆源物质输入影响。生物硅的含量与孢粉有机质和有机碳总量(TOC)相耦合,并且扫描电镜原位观测和能谱分析反映出无定型有机质与生物硅存在紧密结合的关系。因此,在寒武纪早期,生物硅是指示有机质富集情况的良好指标。寒武纪早期硅质生物的生命活动对沉积有机质的保存起到了促进作用。

此次研究表明，寒武纪早期微体生物组合及其与古海洋环境之间的反馈形成的生态环境的周期性变化在很大程度上影响了有机质的保存。除了传统的地球化学指标的运用之外，孢粉学有机质的定性和定量研究，可以提供更详细的沉积有机质的赋存状态信息，补充 TOC 对有机质分布的指示作用，对沉积有机质保存的评价具有重要意义。并且，有机质类型、来源、以及生物硅的分布都能作为评估有机质保存的重要指标，对多样化研究起到重大促进作用。

因此，建立更加完善的沉积有机质评估模式对于油气资源的研究刻不容缓。此次研究是在现今普遍采纳的古海洋环境分析的基础上进行的深入探究，研究核心在于分析微体生物组合，以及确定微体生物与有机质的来源和类型之间的关系，为有机质富集机理的研究提供了新的认识。

1.2 研究现状

1.2.1 有机质富集与保存研究争论与局限性

有机质从产生到保存于沉积岩中的过程是一个分解作用和保护作用对立存在、相互制约的过程[1]。目前对于沉积岩中有机质保存的研究主要有以下几个难点：首先，只有约 0.5%的陆地或海洋产出的有机质能够免遭完全降解并最终埋藏于海洋沉积物中，要找到控制有机质降解的条件和有机质保存状况之间的对应关系比较困难[2-3]；其次，碳库在沉积岩（以及煤和石油矿床）中的循环相比水圈和大气圈是非常缓慢的，必须以地质年代为单位[4]，有机质在沉积岩中经历的演变过程也非常复杂；最后，沉积岩中有机质来源广泛，保存方式多样，并且受控于多种因素，各因素之间并不相互独立，这也给研究增加了难度。

近年来，越来越多的学者们认识到，古海洋氧化还原环境、初级生产力、沉积速率等因素是评价海相优质烃源岩的重要途径[5-7]。地史时期有机质富集的前提条件和主控因素的讨论集中于以下几点：研究表明，有生烃潜力的黑色页岩中的有机碳保存必然与大陆风化和黏土矿物密切相关，而受海水化学条件和生产力的影响较小，矿物表面对有机质的吸附作用对有机质保存非常重要[8]；然而持续近40年的“保存模式”[9-12]和“生产力模式”[13-15]理论认为，还原环境和表层水体较高的初级生产力才对有机质保存起到更大的影响，然而，众多对地史时期有机质富集与生产力和氧化还原环境的关系研究显示，它们之间的相关性差异甚大，不同的研究区有机质富集的控制因素不同，并无绝对的规律可循[16-18]。这种现象出现的原因可能在于：

第一，不同类型或不同活性的有机质受氧化还原环境的影响程度不同：即便是在无氧的状态下，新鲜的、不稳定的有机质也能够完全降解，即使其降解效率不一定和有氧条件下等同[19]；次氧化到完全厌氧的条件对活性更强的沉积有机质的影响更强[11]；无论环境条件是偏还原还是偏氧化，这些本身化学组成就耐降解的有机质的降解都会较为缓慢；随着成岩作用的加强，对氧含量敏感的有机质（降解过程需要氧的有机质）会选择性富集[11]。当环境氧化时，氧分子可以充当脂质、碳水化合物和其他耐降解的有机组分的酶类辅助因子，比如氧合酶和过氧化酶，而其他生物聚合物如蛋白质或碳水化合物可以在有氧或无氧下水解[20]。这些可能是氧化还原环境对有机质表现出的控制程度不同的原因之一。

第二,底层水融氧量不是衡量有机质保存的唯一指标[21]。现代海洋沉积物中TOC、埋藏效率和Ⅱ型生油干酪根的量与底层水含氧量无明显的系统关联[22-24],但这并不证明氧在本质上不影响有机质的保存或降解。事实上,沉积有机质保存的决定性因素是在永久埋藏到深层的无氧沉积物之前,有机质在沉积环境中接触到氧的平均时间,称为OET(oxygen exposure time)。有机质的OET不是直接和溶氧量相关[3,25],而是会受到铁锰循环、物理改造和底栖生物等影响。动荡的水环境会改变严格还原的条件,从而使有机质发生矿化。不仅如此,进行使氧化还原环境动荡的物理过程同时带入了新鲜活性有机质,这些有机质通过新陈代谢和共氧化催化了耐降解有机质的矿化[26]。此外,水动力因素带入的Mn和Fe能够促进多种耐降解有机组分的矿化,比如一些芳香组分[27-28]。与水环境动荡的原理相似,底栖宏体生物活动(生物灌溉、生物扰动)使沉积颗粒和孔隙水暴露在氧化-还原交替的环境中,从而对促进有机质的矿化起到了直接作用[29-30]。事实上,浮游和底栖生物的活动对沉积有机质保存起到的作用远不止如此,本书将在7.3节重点讨论。

因此,有机质的富集与保存并不是受单独条件所影响,而是极其复杂、控制因素繁多的过程。大量研究表明,有机质富集和保存过程中的各主控因素是相继登场的。在最初,有机质的保存以水体中和表层沉积物中有机质(活着或死亡的微生物)的凝缩作用或地质聚合作用的选择性保护为主,沉降到沉积物表面以后会以物理保护和氧化还原环境的影响为主。因此,研究寒武纪生命大爆发背景下有机质保存的各个环节中缩短其OET的因素,是以有机质保存的根本控制因素为出发点,从核心上解释有机质富集和保存的机理的一种思路。本书以有机质保存的根本控制因素OET为原点,重点考察了微体生物组合及与之相关的有机质来源和类型与有机质保存之间的关系。

1.2.2 晚前寒武纪至寒武纪早期古氧相历史

晚前寒武纪至寒武纪早期的生物演化与更替与古海洋氧化进程密切相关[31-35]。在这期间古海洋经历了数次大型氧化事件，6.4亿～5.4亿年前的NOE（Neoprotozoic oxydation event [36-37]被认为是继2.4亿年前左右GOE（Great oxydation event)之后的另一次大型氧化事件[38-40]。大量记录显示，整个海洋的含氧量在不断增加，氧化梯度也从浅水到深水不断地扩大，在此期间的微量元素地球化学特征和草莓状黄铁矿记录了全球范围内的氧化进程[41-42]。但是这个氧化进程是非连续的，来自地球化学、黄铁矿形态学和古生物学的记录表明这段时间内尽管富含金属元素的卤水团和硫化海水的规模在不断缩减，但海水的氧化仍然频繁地被大型缺氧事件所打断[43-45]。与此同时，也有不少记录显示晚前寒武纪至寒武纪早期的海洋仍然处于分层的状态：浅水台地和半深水斜坡环境处于氧化或者正在氧化的过程中，而深水地区仍处于类似GOE之前的海洋环境，呈现充满二价铁的缺氧铁化甚至硫化的状态[42]。同时，不同区域碳同位素也具有异常特征，其漂移幅度从－12‰～5‰[46]，这些异常可能与海洋的长期分层相关[47]。一般认为由于生物倾向于利用较轻的碳，因此光合和呼吸作用会对碳同位素进行分馏[48]。和碳同位素类似，较轻的硫优先形成黄铁矿，沉积物中较重的硫则多半来源于非生物，例如热液等。由于缺乏充分的年代地层和生物地层的证据，难以对震旦纪早期碳同位素进行有效的对比[46,49]，但多个剖面都处于正异常的状态，例如纳米比亚西北部、斯瓦尔巴群岛[50]和巴西的相关记录[51]，异常幅度一般在＋6‰到＋10‰左右。在这之后，震旦纪则以一系列强烈负异常为主，部分地区负偏大于−10‰。这一系列负异常被称作 Shuram（或者 Shuram-Wonoka）异常[52]。Shuram 异常的发生时间和原因仍然众说纷纭[43,53-54]，但这一异常在不同的相区和深度都有记录，并且在全球范围内可以大致进行对比[55-58]。根据其特征，部分学者认为显示负异常的碳同位素可能属于海水起源而非幔源[59-60]。

另外，也有不少研究发现海洋沉积的碳酸盐岩与有机碳的碳同位素存在解耦现象[61-62]。针对“雪球事件”之后海洋异常的碳同位素变化，有学者提出了一个“两箱海洋碳同位素动力学模型”[61]。他们认为该时期的古海洋存在两个密切相关的碳库，即无机碳（IC）库和溶解有机碳（DOC）库。真核生物和后生动物的出现大幅扩大了 DOC 库的规模，使其远大于 IC 库，证明了深部海洋仍然处于缺氧状态，并且这一巨大的碳库仍然没有被释放[33]。但这个模型也存在争议：例如，如此宏大的 DOC 库与当时海洋无机碳同位素的低值（−12‰～5‰）在理论上很难并存[41]。同时提出的还有动态“硫化楔”海洋氧化还原分层模型，这一模型也用于解释不同相区碳同位素漂移的差异[47]。因此，海水的滞留与分层是 DOC 库与 IC 库分异和同位素变化趋势解耦的原因[63]。

埃迪卡拉纪的硫同位素记录（δ34S sulfate）大多来自与碳酸盐岩伴生或者磷块岩中的硫酸盐成分或重晶石，蒸发硫酸盐沉积在这一时期相当稀少，几乎所有的埃迪卡拉纪底部岩石都记录了较高的 δ34S sulfate（约＋20‰）和低 Δ34S（约 0‰）值[34]。整个埃迪卡拉纪到寒武纪早期，硫酸盐硫同位素的值都相当高，并伴随着碳同位素的负偏[64]。但也有例外，例如埃迪卡拉纪晚期纳米比亚和华南地区的 δ34S sulfate 值就相对较低，并伴随着 Δ34S 的下降[65]。无论如何，多种记录都显示二价铁水团和硫化水团规模，以及深海缺氧程度都在逐步下降[47]。

伴随氧化/缺氧事件的是生物的快速演化和辐射[65-69]。大气和水体中快速增加的氧含量既提供了呼吸作用所必需的条件,臭氧层的加厚也使得生物避免受到过量的辐射。寒武纪伊始,一次新的全球型的缺氧事件发生在梅树村阶末期(Nemakit-Daldynian),然而也有不少意见认为此次缺氧事件在前寒武纪—寒武纪界线处就已经开始[70-71]。伴随缺氧事件的是广泛的海退事件,即碳同位素负偏和重硫同位素在浅层水的大量富集[72-75]。行星撞击和板块活动造成的火山事件和热液活动,分层大洋的翻转,以及冰川事件都有可能是缺氧的原因[76-84]。碳同位素的负偏既可能由生物灭绝事件引起,也可能归因于深海甲烷库的释放。无论如何,代表寒武纪生命大爆发首幕的小壳化石遭受了巨大冲击,消失于绝大多数地层,这可能代表小壳化石发生了绝灭,也可能是之后的海侵发生时它们迁移到了相对更浅水的环境。大量碳酸盐岩沉积被富碳质和硅质的黑色岩系所取代,从云南、贵州、湖南、江西、安徽、浙江到鄂西北和陕南,这一持续缺氧环境下沉积的黑色岩系沉积厚度较大且相对稳定[85]。

这一系列的黑色岩系形成于寒武纪生命大爆发主幕的“前夜”。随后,伴随着环境的逐渐恢复,后生动物的分异度和丰度开始出现爆发性增长。它们的生活环境也不仅限于浅水地区,从氧化程度良好的滨浅海到仍然缺氧和硫化的台内盆地和斜坡地区都有它们的身影[86-88]。新一轮的氧化进程是怎样的?大洋循环重新开始了吗?半深海和深海地区的缺氧程度到底如何?目前已有的数据仍然不足以完全回答这些问题,特别是关于东南边缘海、斜坡以及深水盆地的数据仍然很少,主要的数据来自几个重要动物群的报道,现将这些动物群的环境背景和保存条件综述如下:

(1) 云南玉案山组:云南玉案山组以澄江生物群的产出而闻名,软躯动物化石主要产于土黄色细粒泥岩中。云南肖滩剖面的诸多地球化学指标都显示自下而上有缺氧程度减弱的趋势。V/TOC

自玉案山组底部向上波动强烈，总体有缓慢增加的趋势；V/(V+Ni)从0.95下降到0.78左右，U/Th也略有下降，Fe HR/FeT下降到0.38以下然后稳定在这一值附近，伴随的是Fe pyrite的大幅增加，高至50%左右[79]。但也有不少指标表明环境仍处于硫化至缺氧的环境内。此外，生物扰动作用在玉案山组上部迅速增加，也表明底部水体的进一步氧化[89-90]。

(2) 贵州牛蹄塘组：牛蹄塘生物群主要由下部的松林动物群和上部的遵义生物群构成。对U、V、Mo等氧化还原敏感微量元素的研究表明，在牛蹄塘组下部，显示水体处于硫化状态，而上部处于还原状态。同时，诸如海绵骨针这类生物的增多也表明了环境的逐步改善。牛蹄塘组沉积环境的变迁主要可以分为两个阶段，第一个阶段：该阶段下部第二阶显示高的活性铁和总铁的比值(FeHR/FeT大于0.38)以及和较低的黄铁矿的铁和活性铁的比值(FeP/FeHR绝大部分小于0.80)；第二个阶段：该阶段下部到了第三阶，FeHR/FeT则快速降低(均值小于0.38)。因此，普遍认为该套岩层形成于深水陆棚、偏还原的沉积环境[80]。同时，也有诸多研究者认为牛蹄塘组下部多种元素富集层为热液喷发成因[82]。海水中的多种元素也为后期生物发展提供了所必需的营养物质。因而，牛蹄塘组黑色页岩可能沉积于上部水体有氧而下部水体贫氧或缺氧的有光带浅水环境[86]。

1.2.3 晚前寒武纪至寒武纪早期生物事件及生物群

来自分子钟和生物标志物的证据表明，两侧对称动物可能早在晚前寒武纪早期就已经出现，但是到目前为止，研究者尚未找到相应的化石证据。目前，最早的两侧对称动物的遗迹化石发现于乌拉圭，地层年代约为585 Ma[91]。埃迪卡拉生物群在世界范围内广泛报道并被认为是大型复杂生命的演化起点。该生物群以软体动物为主，大部分为原地保存，与显生宙生物群保存方式不同，埃迪卡拉生物群通常未经矿化，表面具较明显的起伏，并保存于快速埋藏事件或者火山事件层内[92-94]。尽管目前仍然无法确定这些动物的归属，但从形态上来看，该生物群已经具有了较高分异度。生物形态主要可以概括为圆盘型、蕨叶型、分节型以及不规则分形型。一般认为这些生物大多生活于浅水环境[95-97]。对于其归属，目前主要有以下几种观点：部分研究者认为其属于冠群类动物群，与目前的海生动物，例如刺胞动物和多毛动物类似，或者属于节肢动物门[98-102]；部分学者认为它们可能属于原生动物[103]、地衣[104]、具有光合作用的多细胞生物[105]、原生群生生物[93]或者类真菌组织[106]；比较形态学和分子生物学研究认为这些生物可能与环节动物门、节肢动物门、棘皮类、软体动物门、刺胞动物门、多孔动物门以及已经灭绝的类群的始祖类型相关[107-108]。

当前的证据表明，这一生物群在前寒武纪—寒武纪界线附近灭绝，最终被具硬骨骼的新生物类型所取代。同时，生物门类和数量急剧增加，生物向不同生境快速辐射，生物结构和食物链向复杂化和立体化发展。这一事件也被称为寒武纪生命大爆发。研究表明，从地层年代和生物面貌上，寒武纪生命大爆发可以分为三幕：

首幕发生在震旦纪末期，以多孔动物门和环节动物门的首现为标志，尚未发现确切的两侧对称生物化石证据；第二幕以幸运阶具备外骨骼生物的首现为标志，其中包括大量磷质小壳化石以及少量钙质生物；第三幕为寒武纪生命大爆发的顶点，以生物的全面发展为标志，在这一幕中，几乎所有的现代生物门类都已经出现，并且初具较高的复杂程度和复杂的群落特征，生物从浅海辐射至深海地区，海洋中几乎所有的生态位也逐步被占据。新的生物形态、运动方式、捕食策略和视觉功能快速发展[107,109-110]。总而言之，在寒武纪生命大爆发之前，埃迪卡拉生态系统主要被细菌、相对简单的藻类和古海绵占据；寒武纪生命大爆发之后，节肢动物、蠕虫类和海绵成为最为繁盛和多样化的类群[109]。

华南作为前寒武纪—寒武纪海洋环境的重要保存地，记录了新元古代冰期以来几乎所有的重要事件，发育了前寒武纪—寒武纪完整的浅水至深水地层。目前在这里已经发现多个埃迪卡拉和布尔吉斯型生物群，例如产有丰富的宏观藻类和刺胞动物的皖南蓝田生物群等[111-113]，简单介绍如下：

(1) 埃迪卡拉生物群：在贵州瓮安及峡东庙河地区大量报道了可能的后生动物及胚胎化石，但部分研究者认为其中不少所谓的胚胎化石可能仅仅只是疑源类或多细胞藻类化石[114-119]。在震旦纪晚期，最早的布尔吉斯型高家山生物群和西陵峡生物群在陕南及三峡地区被报道，它们以后生动物管状化石为主，如 Cloudina、Conotubus、Gaojiashana 以及 Shaanxilithes。

(2) 梅树村生物群：在云南晋宁地区被报道，主要包括骨针状、管状、壳状和多种归属未知的离散类骨片化石，时代从寒武纪早期延伸至泥盆纪。其中小壳化石极为繁盛，几乎遍及磷质及白云质沉积，到目前为止，其产地遍布世界各地，包括中国[120-121]、蒙古国[122-124]、哈萨克斯坦[125]、澳大利亚[126-130]和南极[131-132]等地。图 1-1 为埃迪卡拉纪—寒武纪稳定碳同位素变化及生物群位置。

梅树村生物群的小壳化石，作为最早期的具生物矿化作用的类群，代表了寒武纪生命大爆发的第一幕[134]。有学者认为硬骨骼的发育驱动力来源于捕食行为的压力[134-135]。由于其与全球广泛发生的厚层磷质沉积等时，磷饱和海水在生物硬骨骼起源时可能起到了重要推动作用[136]。早期小壳化石的形态和结构都比较简单，如 Anabarites 和 Protohertzina 等，而从第二带(即 Paragloborilus subglobosa-purella squamulosa assemblage zone)开始，无论是丰度

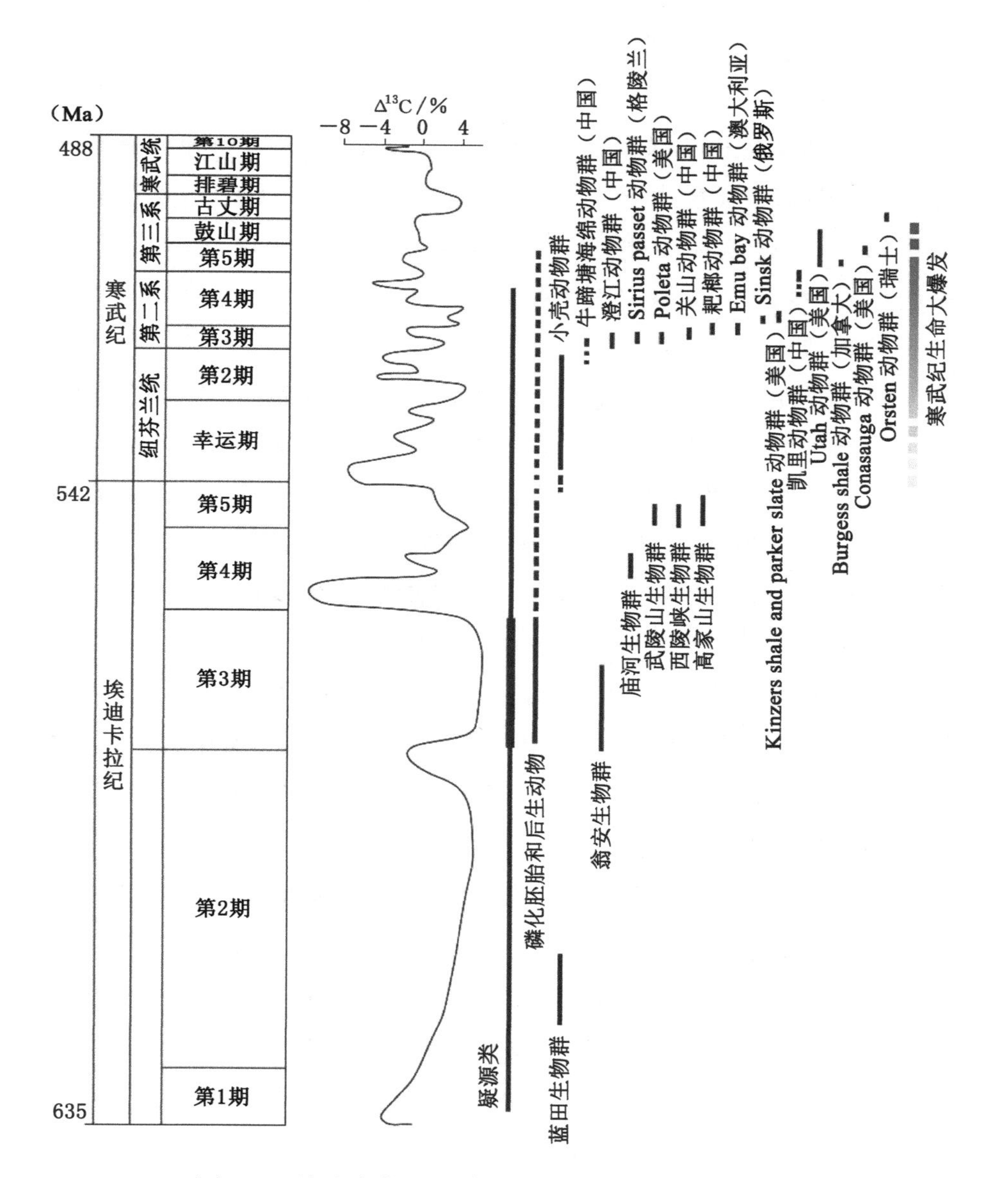

图1-1 埃迪卡拉纪—寒武纪稳定碳同位素变化及生物群位置(据文献[133])

还是分异度都有了爆发性发展，从之前的19个属快速增长到140个属[137]，这次增长事件代表寒武纪早期生物的第一次大辐射[138]。

(3) 澄江动物群：澄江动物群的报道对于人们理解早期后生动物的特征和演化极为关键。化石记录表明后生动物分异度在筇竹寺阶达到顶峰，为寒武纪生命大爆发的主幕[137]，无论是具矿化骨骼生物[139]还是软体生物[140-141]在分异度上都有快速地增长，记录表明，至少有19个先生生物门，120个科和266个后生动物属在这一时期首现[137]，其中包括举世闻名的化石类型，如奇虾、软舌螺、叶足类和古虫类等，此外还有至少40%的现生动物门的一级分类。腕足动物和叶足动物在这一时期快速分异和辐射。其中节肢动物门是其中最为繁盛的类别，占澄江动物群的40%，其次是海绵动物门(13%)和曳鳃动物门(8%)；分类不明的化石占20%左右。总而言之，澄江动物群的面貌显示在筇竹寺阶已经初步建立了具有现代特征的生态系统[142-143]。

郭俊峰在对岩家河组小壳化石进行研究时，发现了蓝菌类、宏体藻类、后生动物化石原锥虫和岩家河虫等，与典型的梅树村生物群区别明显，并将其命名为岩家河生物群[144]。Zhang等在宜昌王家坪附近的石牌组页岩中报道了含有蠕虫和古虫类软躯化石的石牌动物群[145]。同年，刘琦等在湖北京山石龙洞组顶部的页岩夹层中也找到了保存软躯动物化石的京山布尔吉斯型页岩动物群[146]。

除了上述重要的生物群落之外，华南地区还相继发现了关山动物群、耙榔动物群、荷塘海绵动物群和陕南宽川铺生物群等。这些发现填补了生物群之间的空白，对了解生物群之间的继承性以及生物在时间和空间上的演化和辐射具有重要意义。在华南地区，人们对寒武纪早期至中期化石的研究大多集中在三叶虫、腕足类、古杯类和小壳化石等类型[147-150]，对寒武纪早期浮游植物的研究程度较浅，对该时期的生物群的综合研究以及烃源岩初级生产力的研究还比较缺乏。因此，本书将着重研究寒武纪早期各级生产力之间的关系及烃源岩有机质富集机理。

1.2.4 寒武纪早期浮游植物研究现状

有机质的来源和成分组成从根本上决定了有机沉积物的地球化学性质[4]。古生代早期最常见的有机质壁化石是疑源类，它被认为是海洋浮游植物的最主要部分[151-152]。在“寒武纪生命大爆发”期间，疑源类是构成海洋营养链的重要底层浮游生物[153]。此外，寒武纪浮游植物的多样性、成种和灭绝模式与同期海洋无脊椎动物类群相耦合[154]。人们日益认识到早期古生代微体浮游植物化石记录不仅对全球古生态解释至关重要，也对有机质保存有莫大的启示作用。然而，国际上对中国早古生代浮游植物的多样性认识仍然很浅。一方面，目前国际上所发表的数据汇编严重低估了我国寒武纪微体古植物的种类，由于大多数现有的中国寒武纪疑源类的报道都发表在中文期刊上，只有很少的论文发表在国际期刊上，这使得国际学者对中国寒武纪疑源类文献的查找变得困难。因此，迄今国际上对中国寒武纪疑源类的数据认识有严重的偏差。另一方面，疑源类的亲缘关系和属种划归问题一直标准不一，是一片较为模糊的领域，这导致对疑源类真实的丰度和分异度的揭示变得很困难。虽然众多学者对中国早期寒武纪的特征多样性进行了探讨[120,147]，Li等首次对中国古生代微古植物进行了综述，但资料完整度仍然较低[47]。

为了更充分地了解早古生代微体浮游植物的多样性，本书对中国寒武纪有机质壁微化石再次进行了详尽的统计（见4.1节），并且对沙滩剖面、滚石坳剖面和罗家村剖面进行了孢粉有机质研究、切片观察和扫描电镜（SEM）原位观察。对寒武纪有机质壁微化石多样性和保存特征有了新的认识，深入讨论了有机质壁微化石与沉积有机质分布的关系。

调查结果表明，在国际上中国寒武纪实际报道的有机质壁微体化石种类被严重低估，此次研究本身仍有缺憾之处，系统分类学、生物地层和古生态解释有待进行更多更深入地研究。

1.2.5 寒武纪早期有机质类型和来源研究现状

根据所采用的研究方法和研究目的的不同，对有机质类型的划分方法也有所不同。化学界从最基本的分子结构和元素组成上进行归纳，认为有机质或有机物是含碳化合物或碳氢化合物及其衍生物的总称。从来源上讲，它们是直接或间接来源于生物机体的以单独或聚合物形式存在的有机分子所组成的物质，可分为活的生物体以及沉积物或沉积岩中的有机集合体[155]。石油地质领域和有机地球化学领域往往用干酪根来定义烃源岩中的有机质，干酪根一般划分为Ⅰ型、Ⅱ型和Ⅲ型，这种划分广泛应用于有机质生烃潜力的计算[156]。和干酪根分析类似，孢粉有机质的分类是建立在透射光和荧光显微镜观察基础上的，有机显微组分的形态、质地、结构等都是分类的重要依据[157-159]。近 30 年来，孢粉相研究发展迅速，并越来越多地投入应用[156]。通常所说的孢粉有机质指的是运用 HCl-HF 孢粉分析技术处理出来的孢型、结构有机质（SOM）与无结构有机质（或无定型有机质，AOM）几大类型的有机质[10,156]。这些有机质以颗粒态赋存，由于有机质的来源广泛，海洋沉积物中存在着非常多样的有机颗粒。从来源上讲，沉积有机质经历了从水体到沉积物再到岩石中的一系列演变过程[160-161]，水体里的有机质、沉积物中的有机质以及埋藏在沉积岩中的有机质之间是一一对应的。

孢型以及其他具有生物形态的有机质颗粒主要来源于一些自

身活性较差的生物体[162]。寒武纪的孢型有可能为沟鞭藻囊肿、蓝细菌、其他藻类、疑源类、几丁虫、虫牙和其他各种微观的生物残体等。结构有机质在孢粉有机质薄片下具备一定结构的有机质碎屑，偶尔保存细胞结构。无结构有机质是缺少明确的形态结构的海绵状、絮凝状或颗粒状有机质，它通常形成于TEP（透明胞外聚合物）碰撞[163]、生物胞外聚合物的作用[164]、絮凝作用、地质聚合作用以及各种聚合反应或聚凝反应[165-167]，它的物理特征和化学成分多变，受到来源、合成方式、沉积环境和热变质程度等的影响[168-169]。由于不同来源和合成方式的有机质其母源所处的环境不同，导致有机质整体性质存在显著差异[170]。各种来源的有机质，其本身都可能含有容易降解和不容易降解的成分，其性质取决于分子结构（元素组成和官能团）和自然界中的物理形态[4,171]。以往的研究证实，很多生物能够产生独立的、不可水解的且能抵抗生物降解的高脂类大分子，藻类所产生的难溶有机质主要为藻质素，它是一种藻细胞壁组分，是含有羟基或酯官能团的长链脂类[172]，它被选择性地得到了保护，能够在成岩过程中富集[173]。此外，人们发现，一些浮游植物可以释放已经合成好的胶体有机质——海水中的三维网状生物聚合物。这些纳米级至微米级的胶体可以继续发生碰撞和冷凝，最后形成颗粒有机质[174]。一般来说，胶体的大小可以从单独的盘绕状大分子到单独的胶体链网，甚至可以到达几百个微米或更大的聚合网。浮游植物和细菌分泌的溶解有机质或聚合物链可以在几分钟至几小时内合成胶体，胶体具有纳米级的微环境，它具有的物理、化学、生物特性不同于组成它的那些溶解有机质和聚合物[175-176]。

此外，菌源有机质，也就是来自细菌的有机质构成了沉积有机质的重要部分。菌源有机质可以来自水柱或沉积物中的细菌[177]。大部分菌源有机质并不是活着或死亡的完整的细胞，而是源自活着的细胞的诸如细胞渗出液、细胞裂解产物或残余物、细菌细胞壁等，这类物质也被称为“坏死部分”[178]。细菌坏死部分会伴随产生原始耐降解物质，比如细菌膜脂质或肽聚糖（细菌细胞壁的原生组构），这些成分可能会比其他无结构蛋白质在成岩过程中更难以降解[179-181]。古老岩石中的干酪根在化学特征和形态特征上的确如此，其中，部分耐降解生物大分子来源于藻类和细菌[173]。以往对华南地区的研究表明，下寒武统硅质和含磷泥岩中广泛保有机质壁化石，例如疑源类、蓝细菌、宏观藻类等[182-188]。有学者对早古生代烃源岩中的有机质进行了探查研究，结果表明，该时期无定型的干酪根（或无定型有机质）主要来源于微生物席和绿藻的降解作用[189-190]。

1.2.6　寒武纪早期生物层级与有机质的关系研究现状

埃迪卡拉纪（大约 6.3 亿年）之前的化石记录并没有显示出有复杂生态系统的存在[191-192]。不同于前寒武纪，寒武纪早期的生物圈已不由微生物席主导[192-193]。在埃迪卡拉纪—寒武纪转换期，具器官动物的辐射改变了海洋食物网和营养层级[194]，海洋生物群与古海洋物理化学环境之间的相互作用从根本上改变了生态系统，也从根本上改变了该时期沉积有机质的富集[46,195-196]。

研究表明，浮游植物的光合作用从大气圈和水圈中固定了大量的碳，现今的浮游植物是食物网络的基底，因此，它也可能在早古生代生物分化事件中扮演重要角色[151,197]。早古生代的疑源类可以代表相当一部分当时的海洋浮游植物，因此也是寒武纪生命大爆发的海洋营养链中的基本组成部分。早古生代海洋中浮游植物丰度和分异度的升高被认为是主要演化事件的触发根源，并且对后生生物的分异产生了重要影响[151]。浮游植物的分异度和数量增多，可能为浮游动物、滤食性动物和食腐性生物提供了丰富的食物来源。对浮游植物的生物量、分类学和形态学的详细认知会对这一假设的验证有很大帮助,本书只集中探讨了微体浮游动植物和后生动物分类学的多样性对有机质富集的影响。

显生宙伊始以动物的多样性为特征,新的全球性宏进化秩序被建立,同时,有机质的保存模式也发生了改变[194]。从营养层级上讲,动物是依靠有机质获取能量的非自养型生物,他们直接消耗了很大一部分沉积有机质,一部分有机质被动物转化成了次级生产力,另一部分被消耗或排泄[30]。同时,动物对有机物的摄食这一行为对微生物的生长起到了促进作用,它们将易降解有机质输送给了生活在深处的细菌,促进了细菌的生长,从而促进了菌源有机质的形成[29]。

后生动物的出现对有机质富集的最主要影响体现在生物泵作用。浮游动物的觅食行为将分散的单细胞浮游植物转化为更大的粪便颗粒,从而使其在水柱中更迅速地下沉[198-201]。深海环流模式的彻底改变,源自从原核生物到真核生物的演变[198-200]。很多底栖动物是悬浮摄食的,它们通过大量滤食海水获取营养。这些生物的滤食是有选择性的,那些未被选择或未被吸收的物质被排泄出来,成为混合了有机物和无机物的成分复杂的假粪球或粪球粒,并沉降到沉积—水界面处[4,202-203]。动物在透光带打包初级生产力并运移到海底,形成有机质碎屑,这就是高效的生物泵[204]。沉积物中的微型粪便化石是后生动物在透光带和海床之间运移有机质的体现,动物的排泄加速了有机质在水柱中的沉降并且促进了其保存。动物的生命活动带动了海洋中一系列相关联的过程,包括有机质的聚合和解聚、微生物活动、牧食和排便,以及与有机质颗粒沉降相关的压载矿物的运移[205-206],比如产生“海雪”这种大于 0.5 mm 的大颗粒聚合物。有研究者在海雪中观察得到了阑尾动物、浮游有孔虫和翼足生物的觅食构造[206]。在沉降的过程中,海雪可以继续聚集其他由小颗粒物理凝结而成的聚合物。有些粪便颗粒附着在海雪上,粪便颗粒和海雪是生物泵的重要组成部分[206]。此外,粪便颗粒、海雪和自己沉降的浮游植物对海水物质垂向循环的相对贡献率是大幅波动的[206],生物泵的“效率”不仅受到浮游动物牧食和粪便颗粒生产的控制,而且与该过程相关的富含有机质的聚集体的聚集和解聚、微生物活动、颗粒有机物(POM)之间的相互作用以及悬浮“压载物”矿物质也控制着生物泵的效率[204,206-208]。

然而,尚未有研究能清楚地回答次级生产力是否为最终埋藏下来的有机质的量做了很大贡献,因为它们在对沉积通量做出贡献的同时也正在发挥消耗初级生产力的生态作用[4]。例如,大部分初级生产力被放射虫、海绵、有孔虫等动物消耗,从而导致初级生产者(如疑源类和藻类)较为丰富时有机质富集程度较低[17,209]。

因此,在寒武纪早期,作为初级生产力的浮游植物对于沉积有机质的富集起到了两方面的作用,一是从大气圈和水圈中固碳,提供初级生产力;二是作为动物的主要演化事件的触发机制,刺激动物繁盛。作为次级生产者的动物也起到了两方面的作用,一是通过摄食消耗一部分初级生产力;二是构成高效的生物泵,加速有机质的沉降。

扬子地台寒武纪早期沉积的岩家河组和水井沱组[210]很好地记录了早期生命的戏剧性的演化历史[46,144,187-188,211-215]。最早的六射海绵记录[216]和放射虫记录[216-217]也在该套地层中被报道。此外,华南同时期大量的后生动物的报道给我们提供了寒武纪生命大爆发期间动物多样性的信息。早在澄江动物群之前[213,218-219],华南寒武纪早期就有5个重要的生物群。分别是梅树村动物群[187,220]、宽川铺生物群[221]、岩家河生物群[187]、荷塘生物群[222]和水井沱生物群[223]。这些生物群包含大量的小壳化石[139,153]、海绵骨针[153,225-226]、动物胚胎、腔肠动物幼体、栉水母、各种双侧对称动物化石[84,140,227-229]和动物软体化石[144]。这些化石记录表明此时的后生动物已经相当繁盛[230]。

1.2.7 前寒武纪—寒武纪之交的硅质生物与有机碳循环的研究现状

新元古代至寒武纪期间真核浮游植物和后生生物群的重要演化对深海环流模式和生态环境产生了巨大影响[118,198,231]，在海相烃源岩的研究中，动物的生命活动应该被引入沉积有机质富集和保存的讨论中[201]。在埃迪卡拉纪—寒武纪转换期，随着海洋生物多样性的发展，动物的生态空间不断扩张，扮演“生态系统工程师”的物种迅速演化[230]。作为地壳系统中含量第二高的元素，硅元素在埃迪卡拉纪—寒武纪转换时期的海水中具有异常高的含量值(约为现代海洋中的10倍)。该时期的硅质生物矿化化石不但记录了生物演化的革新，也记录了地球系统的水圈、岩石圈以及大气圈的协同演化信息，是生命演化的里程碑[97]。海洋中的硅质生物是海洋食物网和营养层级的重要组成部分，海绵和放射虫分别代表了地球上最重要的具硅质骨骼的底栖和浮游生物。其中，海绵被认为是最早的动物，属于多孔动物或侧生动物，其躯体类型与现生的其他动物都具有较大差异。海绵具有高效过滤海水的能力，平均每七秒钟就能过滤与自己同等体积的海水，可高效固定海水中有机质并影响微生物的丰度和多样性。如某些与海绵共生的蓝细菌可提高局部地区的含氧量，海绵的体腔可为小型后生生物及其幼体提供庇护所。在前寒武纪时期，浮游后生动物比较缺乏，海洋中的浮游微生物以超微浮游植物(直径0.2～2 μm)占主导地位，其细胞微小、漂浮于水体中难以沉降，因此这个时期的海水环境以强烈分层、富含有机质、缺氧和浑浊为特征[188]。海绵动物在“生态系统工程师”方面的效应，促进了有机质的埋藏以及水柱中自由氧浓度的增加，改善了前寒武纪时期不利于后生动物生存的海洋环境。因而海绵是最早的“生态系统工程师”，对前寒武纪—寒武纪之交现代海洋型环境的建立具有重要意义。

放射虫是海洋中一类重要的硅质浮游生物。由于放射虫化石个体微小，内部结构往往难以保存，导致鉴定较为困难，关于早期放射虫的化石记录和演化也具有较多争议，前寒武纪时期的放射虫化石以及部分纽芬兰世的放射虫化石均得不到承认。近年来，华南地区寒武纪早期地层中的放射虫化石的报道有了突破性进展，这些化石多为球形，部分可归为泡沫球虫目[232]，这不仅推进了放射虫起源的研究，也充实了异养浮游生物及其在海洋食物链中作用的研究。

早古生代浮游植物的分异度和数量的增多，为浮游动物、滤食性动物和食腐性生物提供了丰富的食物来源[151,197]。浮游植物的光合作用从大气圈和水圈中固定了大量的碳，硅质生物依靠有机质获取能量，放射虫通过悬浮摄食的方式进食微体浮游藻类，海绵通过滤食海水获取营养。其觅食行为将分散的单细胞浮游植物打包转化，构成了有机质从水圈向岩石圈运移的一种形式，硅质生物的生命活动促进了有机质在海洋中一系列的转化过程，包括有机质复杂的聚合、解聚、运移和保存[118,201]。

对现代海底大洋沉积物中硅质生物贡献的量化统计表明，有29.3％～99.7％是由海绵骨针贡献的，硅质海绵占沉积物中生物硅沉积比重为45.2％±27.4％，放射虫和硅藻则分别占6.8％±1.1％和8％[233]。在对现代海洋中普通海绵的硅质骨针形成过程的研究中，发现造骨细胞内的硅蛋白控制二氧化硅先在有机质丝体周围形成初始骨针，之后初始骨针被排出造骨细胞，造骨细胞继续调控蛋白石在初始骨针上生长形成圈层结构(lamellae),当这种圈层逐渐融合成一个实心的结构时,即形成了一根成熟的骨针。放射虫则是在囊泡的特定位置分泌有机含矿物颗粒,然后在某种蛋白的控制下有序聚集二氧化硅,形成硅质骨骼,硅在细胞中的运输和沉淀都受特定的基因调控。

近年来的研究表明,华南寒武纪浅水到台地内部局限盆地的沉积有机质含量与生物硅的分布有着良好的响应关系[234-236],并发掘了大量海绵骨针的有机质内衬和疑似放射虫的矿化化石。这些信号都表明了有机质富集与生物硅的联系,然而,这只是较为浅表的对应关系。从富集机理上讲,对有机质和生物硅相互作用的方式还不明了。寒武纪早期硅质生物的繁盛到底是从生态效应的角度发挥作用,促进了生产力的繁盛,进而给有机质的富集提供了物质基础,还是在有机质经历从水体到沉积物直至埋藏的过程中,参与了其选择性保存?其具体的作用机理是怎样的?这些都值得深入研究。深入调查生物硅与有机质的关系,建立更加完善的海相烃源岩评价模式,给予了海相烃源岩评价重要的启示,也是实现油气资源精准调查的关键步骤。

在赋存状态方面,从微观层次的研究着手,岩石样本上能够直接获取到的信息可以反映有机质的赋存状态。有学者认为,有机质的保存具有一定的矿物选择性,矿物的微界面作用影响着有机质的物质组成、结构及其反应性,并控制了有机质的时空分布[237-238]。有机质受矿物颗粒影响的机理可以概括为有机质的物理保护,物理保护的实质是在降低有机质的 OET 的同时,提高保存效率[4]。不稳定的有机组分,比如活性蛋白质等,可以通过物理保护免遭化学攻击(即非生物酸水解)和酶的降解,浮游生物壳物质也可以通过物理保护免遭生物降解,虽然后续这些生物体仍会接受其他化学分解,但是物理保护起到了减缓分解的作用[239]。

有研究表明，海相烃源岩中的残余有机碳总量（TOC）与二氧化硅含量之间有着显著的耦合关系，沉积有机质主要与硅质相伴生[162]。也有研究表明，海相烃源岩与硅质生物化石（主要是放射虫）有关[240-241]。事实上，人们早就开始利用生物硅的含量来指示生产力变化特征[242-243]，并认为微体浮游植物和硅质生物的共生关系促进了有机质的保存[244]。从富集机理上讲，微体浮游植物的生命活动产生的有机质为硅质沉淀提供了一个成核点，溶解硅可沿着该成核点不断聚集，埃迪卡拉系陡山沱组硅质结核切片以及拉曼光谱分析表明，硅质以蛋白硅的形式在疑源类化石周围沉淀，在成岩阶段逐渐转化为更加稳定的石英[245]。到了古生代，硅化现象在较年轻地层更为普遍，且主要发生于溶解硅含量升高的时期。

不难看出，在研究手段方面，随着油气生烃理论不断突破，实验仪器和研究方法也持续更新。进一步探索烃源岩微沉积特征所反映的信息是寻找有机质控制因素的大势所趋。运用高显微成像的手段对岩石样品进行微观层次的研究是深入剖析有机质与矿物结合关系的必经之路。随着科技的发展，扫描电镜突破了微米—纳米级精度，能够对岩石中有机组分和矿物组分的微观结构进行识别[246]，而且能够配合能谱仪进行原位的微区化学成分分析[247]。在镜下，可直观观察有机质弥散区域、矿物颗粒或晶粒的大小、形态与接触关系，以及自生矿物的类型和赋存状态[248]。因此，此次研究将全面获取关键区域的微观成像特征及其所对应的能谱数据，对大量数据进行定量统计分析，弥补以往研究中只定性不定量分析的不足，细致并系统地研究有机质与生物硅的分布规律和内在联系。

1.3 本书研究内容和研究思路

研究对象为川北南江地区和鄂西秭归地区的3个剖面(沙滩剖面、罗家村剖面、岩家河剖面)寒武纪早期地层,岩石地层包括筇竹寺组、岩家河组和水井沱组。研究内容如下:

(1) 在野外对3个剖面进行实测和记录,完成孢粉有机质和地球化学样品系统采集工作;

(2) 对3个剖面进行孢粉有机质实验,在生物显微镜下对有机质类型进行划分,对保存较好的有机质壁微体进行化石鉴定,观察、统计并分析了有机质的分布特征;

(3) 进行微体化石酸处理实验,获得粪状化石,并用扫描电镜进行观察和拍照;

(4) 制作岩石薄片,在生物显微镜下观察薄片中的微体古生物;

(5) 对以上实验获得的有机质壁生物进行鉴定或分类,获得微体生物组合特征;

(6) 用扫描电镜对岩石中的原位有机质进行照相和能谱分析,观察有机质和生物硅的关系;

(7) 进行地球化学主微量稀土元素测试,选取相应的地球化学元素来表征古海洋环境特征和矿物分布特征,结合TOC和孢粉有机质含量和类型描述有机质分布特征与古海洋环境及生物硅的关系。

研究的技术路线图如图1-2所示。

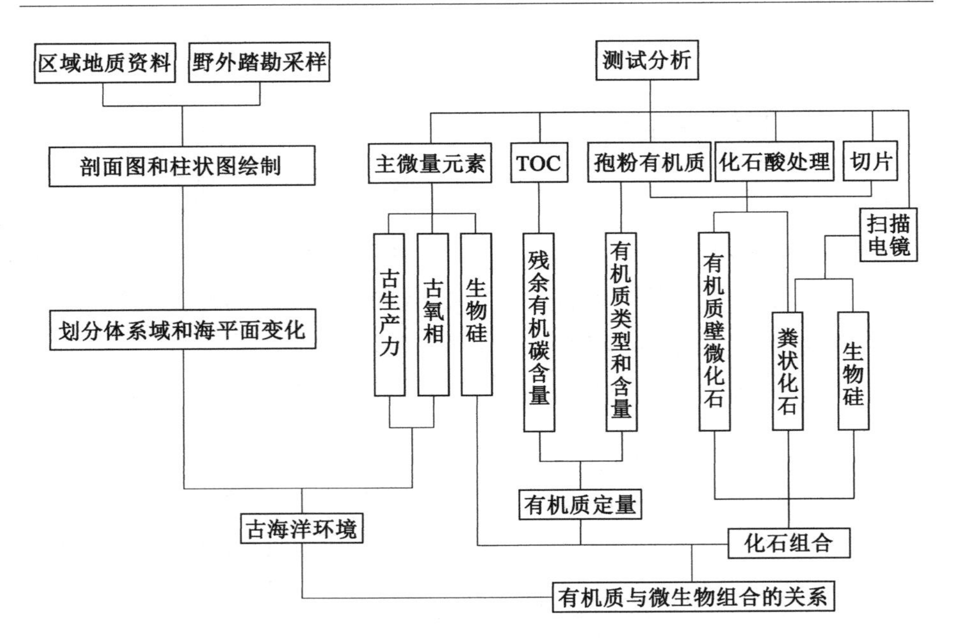
区域地质资料
野外踏勘采样
测试分析
剖面图和柱状图绘制
主微量元素
TOC
孢粉有机质
化石酸处理
切片
扫描电镜
古生产力
古氧相
生物硅
残余有机碳含量
有机质类型和含量
有机质壁微化石
粪状化石
生物硅
划分体系域和海平面变化
有机质定量
古海洋环境
化石组合
有机质与微生物组合的关系

图 1-2　技术路线图

第 2 章　区域地质背景和地层划分对比

2.1　交通位置及自然地理概况

2.1.1　南江沙滩地区

南江县隶属于四川省巴中市，其位置在四川省的北部地区，位于米仓山的南部，占地面积 3 389 km^2，所处位置的地理坐标为 31°21′12″N，106°50′34″E。该地区海拔≤2 507 m。南江海滩乡位于南江桥亭加油站附近，该剖面的地理坐标为 106°52′，32°52′。南江县海滩段由一条高速公路连接，可以行驶大型车辆。

南江县的平均海拔高达 1 100 m。该县境内地形较为复杂，北部分布有变质岩，地下水主要为裂隙水和岩溶水；在其南部，有红层的裂隙水，红层和岩溶水在该县分布最广。南江县资源非常丰富，有包括黄金、煤炭、铁和花岗岩在内的大约 50 种矿产资源。

2.1.2　峡东秭归地区

秭归县位于湖北省西北部，属于湖北省宜昌市管辖范围，在其境内有长江西陵峡。秭归县东部为黄陵背斜，西部有秭归向斜。秭归县最高海拔约为 2 000 m,最低海拔约为 40 m。秭归县的山势形成了广袤且高低起伏的丘陵地貌和古地貌,其山势多为南北走向,长江水系对地面切割较深。秭归县的气候属于亚热带大陆性季风气候,由于重峦叠嶂,县内一年四季经历着非常明显的垂直气候变化。

2.2 区域地质背景

2.2.1 南江沙滩剖面

研究区位于现今的四川盆地北缘。四川盆地位于上扬子地台,盆地东部为鄂西的黄陵背斜和雪峰山的西部,盆地北部延伸至汉中—米仓山—大巴山以南,南部和东部为云南昭通—贵州遵义—四川秀山和湖南吉首线[249]。盆地东南部与西部为雪峰山与龙门山,江南—雪峰带是南华纪形成的裂谷盆地,由于地壳结构的不稳定,该时期的古地理格局受东西向基底构造控制,北部为隆升,南部为坳陷,并且形成了一套巨厚的浊流沉积。震旦纪江南—雪峰裂谷带进入了裂陷阶段,碳酸盐岩台地在中上扬子地区形成[250]。在晚元古代,盆地北缘初步形成了裂谷,该裂谷经历伸展开裂,最终于寒武纪时期停止发育[251-253],被动大陆边缘盆地在北缘形成;在寒武纪,盆地西部的沉积环境为伸展的裂陷盆地[254],龙门山裂陷海在该时期发育。由于上扬子地区地层的抬升剥蚀,寒武纪下部地层与下伏地层上震旦统灯影组接触关系为平行不整合[250]。

现今的四川盆地在寒武纪时期为一个稳定的克拉通盆地,并且处在发育时期,在震旦纪晚期大规模海侵背景下,形成了四川盆地寒武纪时期的古地理格局，即西高东低的古沉积地貌[250,255]。四川北部寒武系地层分布广泛，筇竹寺组是海侵时期沉积的一套较细的海相沉积，岩性以粉砂质泥页岩为主，颜色多为灰色或灰黑色，偶夹薄层白云岩和泥晶灰岩，发育水平层理和交错层理。在四川广元地区，也就是四川盆地北缘，砂岩沉积较为常见，为磨圆度较差的滨岸砂坝沉积[250,255]。沙滩剖面具备以下几点岩性和沉积构造特征：① 泥岩多含粉砂，大多不纯，并且砂质多为细砂至粉砂；② 发育小型交错层理、水平层理和韵律层理；③ 沉积厚度比同时期其他地层更厚，有不明显的沉积旋回。

2.2.2　秭归滚石坳剖面与罗家村剖面

滚石坳剖面和罗家村剖面位于鄂西三峡的峡东地区，即西陵峡区域，处于扬子地块西北部，在该地段，扬子地块各个时代地质单位出露比较完全。峡东地区经历了多次旋回，呈现出了较为完整的扬子地块的形成和演化的记录，在新元古代至早古生代时期，峡东地区位于扬子板块西部[256]。在中新元古代时期，峡东地区曾受陆壳拉张作用的影响而变薄，并经历了小规模的威尔逊旋回，其变形特点达到了中深层次，发生了强烈的构造变形，如今的黄陵结晶是基底的主导构造。到了中元古代早期，随着全球性的裂谷活动，扬子陆块发生了裂解，多个大型的裂陷盆地在扬子古陆周边形成，黄陵地区经历了一个从半稳定状态向裂谷环境转化的时期，转化方式以伸展作用为主。随着新元古代花岗岩底的侵位，在晋宁运动的晚期，热穹隆在黄陵地区形成，因此该区发生了快速的隆升。扬子板块转化为稳定的台地环境是在晋宁造山运动之后，而后进入了沉积盖层的发展阶段。沉积盖层在峡东地区非常发育，主要为浅海台地相的碳酸盐岩和陆源碎屑岩。到了震旦纪，峡东地区处于浅海碳酸盐台地或陆表海环境，开始形成稳定并统一的台地。在震旦纪早期，海平面的快速上升源自冰期的结束，该时期经历了迅速而短暂的海侵，浅海陆棚环境形成，因此，陡山沱组下部沉积了一些低速沉积盖层，包括含泥质条带的泥灰岩以及含碳质页岩等；随着之后沉积充填的长期作用，补偿作用充分，峡东地区逐渐开始了开阔海台地内部局限台地碳酸盐岩沉积，陡山沱组中部和上部以及灯影组就此形成[256-257]。

寒武纪地层在峡东地区发育良好，浅水台地相至深水盆地相沉积均有所出露且露头连续，生物化石产量丰富，保存较好。在鄂西黄陵背斜南翼埃迪卡拉系灯影组的白云岩上面发育了寒武系水井沱组黑色页岩，水井沱组之下是岩家河组地层，接触关系为平行不整合接触，是一套以白云岩、灰岩和黑色页岩为主的岩层，下部是灯影组白马沱段，接触关系为不整合接触。岩家河组报道了岩家河生物群，该生物群含有后生动物化石、小壳化石及微体浮游植物、蓝细菌、球形类、宏观藻类化石[144]。

2.3 研究区地层划分对比

2.3.1 南江沙滩剖面

1. 剖面实测描述

该剖面为巴中市桥亭沙滩街附近新开挖的公路施工现场，路基及侧面岩层出露较好，接触关系清楚，有清晰的褶皱变形构造，岩石易采且新鲜。在实际工作中一共实测了 4 条野外剖面，依据岩石的岩性特征、局部和宏观构造特征，以及地层总体产状，可以将这 4 条剖面很好地进行对比，从剖面 1 的底部至剖面 2 的顶部为自震旦系顶部灯影组至寒武系下部仙女洞组的一套完整序列，两个剖面的页岩部分为重合部分，剖面 3 和 4 为补充剖面，都处在路面开挖处，样品新鲜（剖面图如图 2-1 所示）。详细描述如下：

（1）上覆地层：寒武纪仙女洞组（$\in_{2x}$）。

此层下部发育灰绿色或灰黑色的鲕粒灰岩，为块状结构，与上部厚层灰岩和白云岩整合接触。　59.0 m

——————整合接触——————

（2）寒武纪筇竹寺组（$\in_{1q}$）。　495.0 m

此层下部 49 m 为中到厚层纹层状纹层清晰的灰黑色钙质泥岩，单层厚度 30～60 cm，向上钙含量及粉砂质含量增加；上部 82.5 m 纹层明显减弱，岩性变为薄到中层含碳质粉砂质泥岩，含弥散分布黄铁矿颗粒沉积，单层厚为 5～20 cm；顶部 8 m 为单层厚 3～5 cm 的薄层状含碳质粉砂质泥岩。　139.5 m

此层下部 67 m 为薄层状黑色页岩，底部有纹层，部分层位含磷结合，向上钙含量升高，单层厚为 5～10 cm；上部 58 m 中的纹层特点减弱，但层厚有所增加，岩性为含钙质的黑色泥岩，单层层厚为 8～25 cm。　125.0 m

此层下部 21 m 为灰黑色的纹层状泥质灰岩，可见钙含量明显提升，单层层厚 10～20 cm；中部 39 m 为黄褐色纹层发育的含粉砂质钙质泥岩，粉砂含量向上升高，单层厚约 50 cm；上部 109.5 m 转为含有纹层状的粉砂岩，或有粉砂质的钙质泥岩，继续向上则钙含量持续增加。　169.5 m

此层为薄层状的黑色或灰黑色碳质泥岩，向上单层层厚有所增加，部分出露层位含磷质结核，单层厚为 5～10 cm。　39.0 m

此层有纹层状的粉砂质泥岩出露，可见岩石中粉砂含量向上有所升高，单层层厚约为 5 cm。　22.0 m

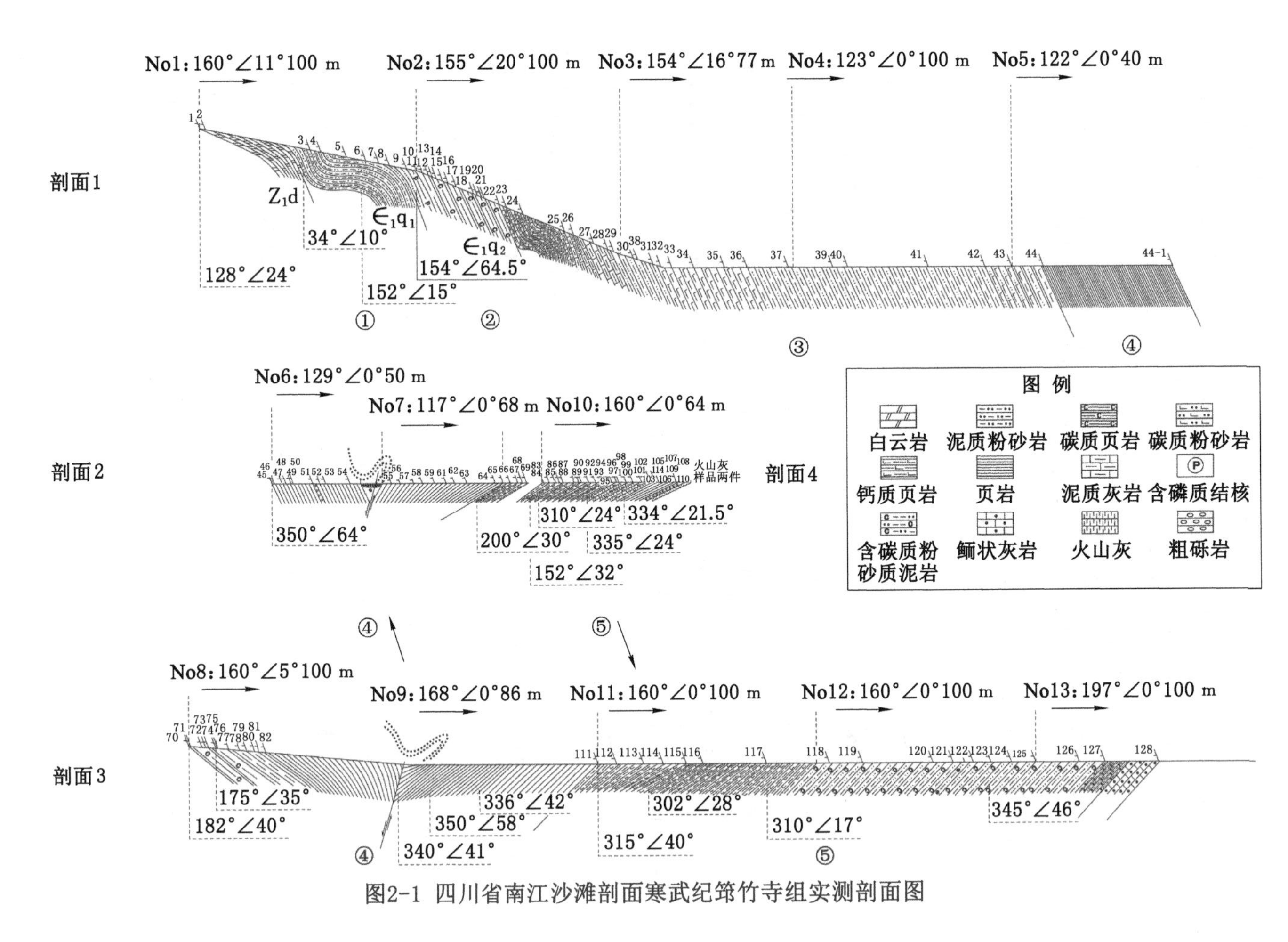

图2-1 四川省南江沙滩剖面寒武纪筇竹寺组实测剖面图

——————平行不整合接触——————

(3) 下伏地层：震旦纪灯影组(Z_{2d}—$\in_{1D}$)。

此处震旦纪地层下部为含有磷质结核的白云岩，上部为厚层状含燧石条带的白云岩，未见底。　10.0 m

2. 地层划分对比

南江沙滩地区寒武纪地层发育齐全，从灯影组至仙女洞组出露连续，界线清晰，容易与标准剖面相比较，地层划分的难度不大。沙滩剖面底部以厚层状白云岩为特征，可以很好地与震旦纪灯影组对比；顶部出现块状鲕粒灰岩(灰色)、厚层状灰岩以及白云岩，其岩性可以与寒武纪仙女洞组对比。

如图 2-2 所示，寒武纪底部幸运阶的标准小壳化石组合 Anabarites trisulcatus-Protohertzina anabarica 和 Paragloborilus subglobosus-Purella squamulosa 出现在沙滩剖面筇竹寺组底部的第 1 层至第 3 层下部，尤其是在磷质结合层化石组合较为丰富。该层位可以对比 Nemakit-Daldynian 时期，相当于寒武纪早期幸运阶(梅树村阶)[229,258]。沙滩剖面第 3 层上部的粉砂质泥岩有三叶虫的报道，属于 Parabadiella 三叶虫带，可以和滇中晋宁梅树村剖面玉案山组的黑色粉砂岩段对比，属于筇竹寺阶地层。Eoredilichia-Wudingaspis 三叶虫带出现于第 4 层黑色页岩至第 5 层钙质泥岩及含碳质和粉砂质的泥岩中，可以对比滇中晋宁梅树村剖面上部玉案山组的黑色页岩段、帽天山的页岩段以及上粉砂岩段[82,259-261]。

2.3.2　秭归罗家村剖面

1. 剖面实测描述

剖面位于宜昌市秭归县罗家村的小型采石场，该采石场常年进行石料开采，开采深度已到 20 余米，地层露头良好，接触关系清楚，

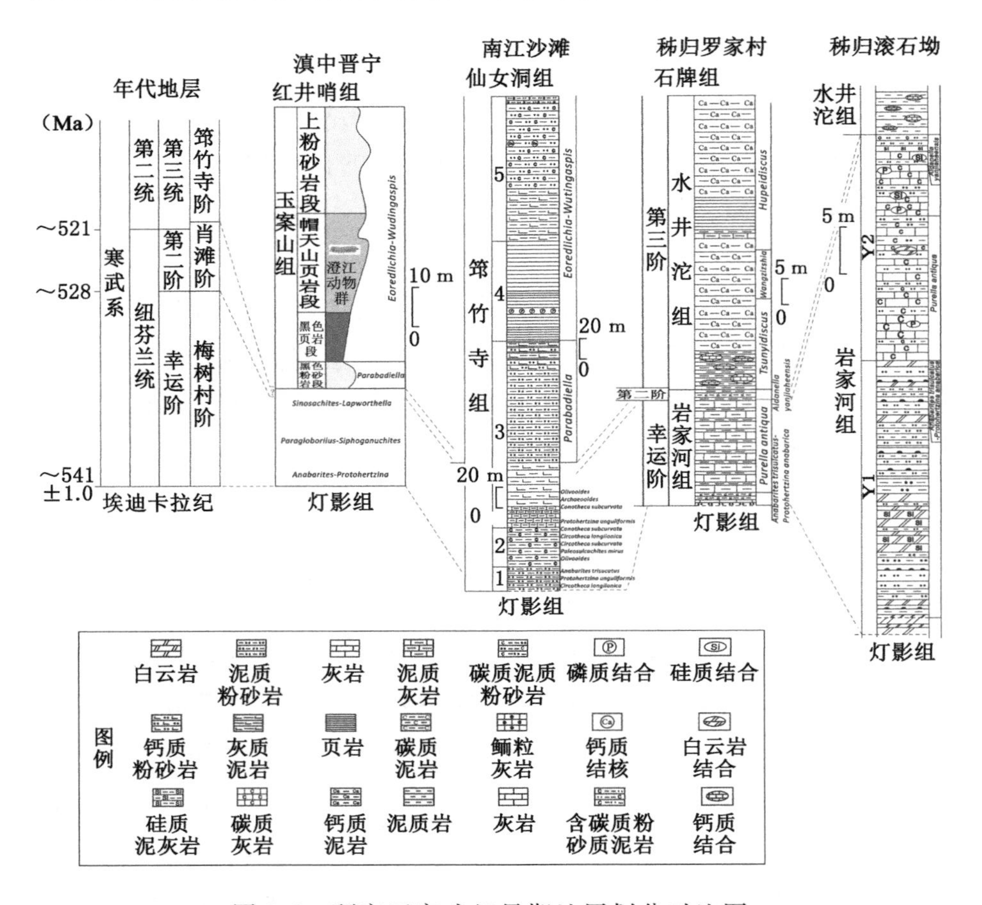

图 2-2 研究区寒武纪早期地层划分对比图

岩石和化石标本新鲜且易采。该剖面地层产状近直立，可以直接测量其厚度。详细描述如下：

(1) 上覆地层：寒武纪石牌组($\in_{2sp}$)。

此层为颜色近灰色的含粉砂质灰岩，夹粉砂质泥岩，具有纹层，水平层理发育。

——————整合接触——————

(2) 寒武纪水井沱组($\in_{2s}$)。 63.0 m

此层顶部为灰岩(深灰色)与泥岩(黑色)的互层。该层主体为灰岩,层厚为中到厚,颜色为黑色,可见泥岩纹层和灰岩纹层,含有宏观藻类化石碎片,偶见较为完整的带藻和丝状藻类化石。在此地层中,普遍存在有海绵骨针,并且黄铁矿较发育。　22.0 m

此层发育碳质含量较高的碳质泥岩,颜色为黑色,层厚为极薄,黄铁矿普遍,高肌介目等生物化石碎片大量出现。　8.0 m

此层总体岩性为灰岩夹钙质泥岩,灰岩层厚为中,厚度约为 15 cm,颜色为灰白色;钙质泥岩为黑色,层厚为中,厚度约为 25 cm。其间含无色透明反光的重晶石矿物和钙质结核。　2.0 m

此层上部为灰岩,颜色以灰白色为主,中层开始出现泥灰岩层,普遍发育大小不一的钙质结核,黄铁矿在此层普遍发育。含有小壳化石和形态各异的海绵骨针及高肌虫化石碎片等。　23.3 m

此层下部为泥灰岩,颜色为灰黑色,层厚为中薄;上部为钙质泥岩,颜色为黑色,层厚为中薄,可见水平纹层发育以及有机质碎片。

3.0 m

此层发育夹有单层厚度约为 25 cm 泥灰岩的钙质泥岩,层厚为中,颜色为黑色,中上部可见顺层发育的黄铁矿。　4.5 m

此层为粉砂质泥岩、粉砂岩,颜色为黄灰色,含粒径 1～5 cm 的砾石,砾石成分以硅质岩和泥灰岩为主,观察到较差的分选和磨圆。

0.2 m

————平行不整合接触————

(3) 下伏地层:寒武纪岩家河组($\in_{1y}$)。

此层顶部为硅质泥岩,可见发育含瘤状及黄铁矿;中上部为泥质灰岩,夹有泥岩(薄层),单层层厚为 5 cm;底部为单层层厚约为 3 cm 的含粉砂质硅质泥岩。　1.3 m

2. 地层划分对比

秭归罗家村地区寒武纪早期地层发育齐全,从灯影组地层至石牌组地层出露连续，界线清晰，容易与标准剖面相比较，地层划分的难度不大。

罗家村剖面底部（第 1 层）以灰色粉砂质硅质泥岩和泥质灰岩夹薄层泥岩为特征，可以对比为岩家河组，根据厚度和岩性将底部划分为 Y1 层，中上部划分为 Y2 层。上部第 2～4 层为一套岩性较为单一的黑色中层状泥灰岩、泥岩夹黑色页岩，下部可见大量钙质结核，结核平均直径约为 40 cm，可与水井沱组下段相对应，将其划分为 S1 层；上部第 5～6 层为一套岩性单一的灰岩，表现为黑色中层状，水平纹层发育，可与水井沱组中段相对应，将其划分为 S2 层；上部第 7 层为黑色极薄层碳质泥岩，将其划分为 S3 层；上部第 8 层为灰岩，呈现黑色的中厚层状，其水平纹层较为发育，将其划分为 S4 层。剖面顶部（第 9 层）以大量粉砂质沉积为特征，可以对比为石牌组。水井沱组与下伏岩家河组地层的接触面处可见一层 20 cm 的含砾粉砂质泥岩，砾石成分为硅质岩和白云岩，分选和磨圆均较差，主要来源于岩家河组顶部的硅质岩层和白云岩层，其两侧的地层产状大致相同，所以水井沱组下部与岩家河组上部的接触关系为平行不整合接触。水井沱组与上覆地层石牌组呈连续整合过渡关系（见图 2-2）。

水井沱组最下部（定年层位为斑脱岩）的锆石（U-Pb）年龄为（526.4±5.4）Ma[133]，与梅树村阶顶部相对应。水井沱组下部、中部和上部所含的三叶虫 Tsunyidiscus、Wangzizshia 和 Hupeidiscus 表明水井沱组沉积时其可以对比于筇竹寺阶[42]。

2.3.3 秭归滚石坳剖面

1. 剖面实测描述

剖面起点：30°75310N，111°03248E；位于宜昌市秭归县滚石坳，全长 184 m；该剖面交通便利，寒武系下部出露齐全，岩家河组的顶底界线具有明显的标志。

（1）上覆地层：寒武纪水井沱组（$\in_{2s}$）。

主体为含碳质粉砂质泥岩，颜色为灰黑色。底部可见 2～3 cm 的风化壳，颜色为灰白色至黄褐色的黏土。　4.6 m

——————平行不整合接触——————

（2）寒武纪岩家河组（$\in_{1y}$）。　56.6 m

此层下部为薄层至中层状泥晶灰岩，其颜色为灰黑色至棕灰色，夹厚度不等的含粉砂质碳质泥岩。中部发育偶夹含遗迹化石的硅磷质结核。上部为含小壳化石的深黑色硅质岩，单层厚度极薄。　1.9 m

此层上部为中层状灰岩与泥岩的互层，部分层位泥岩为薄层状。下部发育泥晶灰岩，薄层至中层状，夹含碳质粉砂质泥岩，颜色为灰黑色。　4.1 m

此层发育含碳质泥晶灰岩，颜色为灰黑色，中层或薄层状，偶夹含遗迹化石的硅磷质结核。　2.3 m

此层上部发育含碳质泥晶灰岩与薄层状含碳质粉砂质泥岩的互层，颜色为灰色或灰黑色。下部发育中层状含碳质泥晶灰岩，颜色为灰黑色或深灰色。　7.1 m

此层发育含碳质粉晶灰岩，颜色为深灰色，薄层状，水平层理发育，偶夹中层状含碳质泥晶灰岩。　4.3 m

此层为灰～深灰色中层状含碳质粉晶灰岩、薄层状含碳质灰岩，与黑色极薄层状含碳质粉砂质泥岩互层叠置。灰岩、泥岩中均见硅磷质结核，水平纹层发育，向上泥质成分增加。　5.6 m

此层上部为泥质粉砂岩，颜色为灰白色，层厚极薄，偶夹极薄层状黄绿色粉砂质泥岩，夹有中层状中晶白云岩，颜色为灰黑色，底部见深灰色燧石条带。　8.3 m

此层上部发育黑色薄层状燧石条带，下部发育极薄层状深灰色泥质粉砂岩。 3.8 m

此层顶部出现黑色燧石条带。主体为硅质白云岩，偶有黄铁矿结核，颜色为灰黑色，以及中层状白云岩；下部为水平层理发育的粉砂岩。 10.4 m

此层为灰～灰黑色极薄层～薄层夹中层状含泥质粉砂岩，与黄绿色极薄层含粉砂质泥岩不等厚互层，向上泥质增多，水平层理发育；层间偶见燧石条带。顶部为极薄～薄层状泥质粉砂岩与极薄层状粉砂质泥岩互层。 0.5 m

此层发育含泥质粉砂岩与黄绿色粉砂质泥岩的互层，颜色为黑色至深灰色，层厚极薄，发育水平层理。 2.0 m

此层顶部发育燧石条带，一共 17 小层，主体发育黄绿色粉砂质泥岩，偶夹极薄层状含泥质粉砂岩，颜色为灰黑色。 2.9 m

此层顶部发育泥质粉砂岩，颜色以灰黑色和深灰色为主，薄层状。主体为薄层状含泥质粉砂岩夹中层状粉砂岩。 1.5 m

此层上部发育泥质粉砂岩与粉砂质泥岩的互层，颜色为黄绿色及灰色，薄层状，偶夹燧石条带，水平层理发育。下部粉晶白云岩与微晶白云质泥岩互层，颜色为灰黑色，夹极薄层状粉砂岩条带。

1.9 m

——————平行不整合接触——————

(3) 下伏地层：震旦纪灯影组白马沱段(Z_{2dnb})。

此层为粉晶白云岩，颜色为灰白色，厚层与中层互层。 6.0 m

2. 地层划分对比

宜昌岩家河地区寒武纪早期地层发育齐全，从灯影组地层至水井沱组地层出露连续，界线清晰，容易识别。在宜昌地区，灯影组可以概括为“两白夹一黑”结构。滚石坳剖面底部为灰白色厚层状白云岩，可以与灯影组白马沱段对比。

剖面第 2～15 层可以对比为岩家河组，其中第 2～9 层以灰～灰黑色薄～极薄层状含泥质粉砂岩，夹黄绿色粉砂质泥岩、灰黑色燧石条带、薄层白云岩为特征，可以与岩家河组下段对比，本书将其划分为 Y2 层；第 10～15 层以灰～深灰色薄～中层状泥晶-粉晶灰岩与含碳质粉砂质泥岩互层为特征，可与岩家河组上段对比，本书将其划分为 Y2 层(见图 2-2)。

岩家河组底部有褐色风化壳，厚度为 2～5 mm，说明岩家河组与灯影组呈平行不整合接触。岩家河组与上覆水井沱组接触线附近，岩家河组顶部呈凹凸不平的特征，代表喀斯特风化的结果，水井沱组底部可以见到 1～2 cm 的褐色风化壳，并且接触面两侧地层的产状是一致的，水井沱组与岩家河组的接触关系为平行不整合接触。

岩家河组含有的 3 个小壳化石组合带，分别为 Anabarites trisulcatus-Protohertzina anabarica 组合带、Purella antiqua 组合带和 Aldanella yanjiaheensis 组合带，其沉积时期相当于寒武纪幸运期[187]。岩家河组底部可能包含埃迪卡拉纪—寒武纪的界线，顶部包含第二阶[42,233]。

第3章　材料与方法

此次研究的样品采自华南3个寒武纪早期的剖面，分别为四川省巴中市南江县的沙滩剖面，湖北省宜昌市秭归县的滚石坳剖面和罗家村剖面、沙滩剖面位于扬子地台四川盆地北缘，滚石坳剖面和罗家村剖面位于扬子地台黄陵背斜的南翼。孢粉有机质实验得到的无定型有机质来自沙滩剖面和罗家村剖面，这两个剖面出露完整，样品点连续，有利于观察有机质含量和地球化学指标的连续变化。有机质壁微化石和粪状化石来自3个剖面，滚石坳剖面作为近年来寒武纪早期的化石"宝库"为此次研究提供了丰富的化石。表3-1展示了研究剖面采样及测试情况。研究区采样点位置如图3-1所示。

表3-1　研究剖面采样及测试情况表

工作内容	沙滩剖面	滚石坳剖面	罗家村剖面
野外实地考察时间/d	5	19	15
采集样品/件	136	157	183
岩石薄片制备/件	25	30	30
总有机碳测试/件	128	0	0
主量元素测试/件	128	0	87
微量和稀土元素测试/件	128	0	87
孢粉有机质实验/件	62	42	67
粪化石处理/件	20	30	22
扫描电镜实验/件	35	26	15

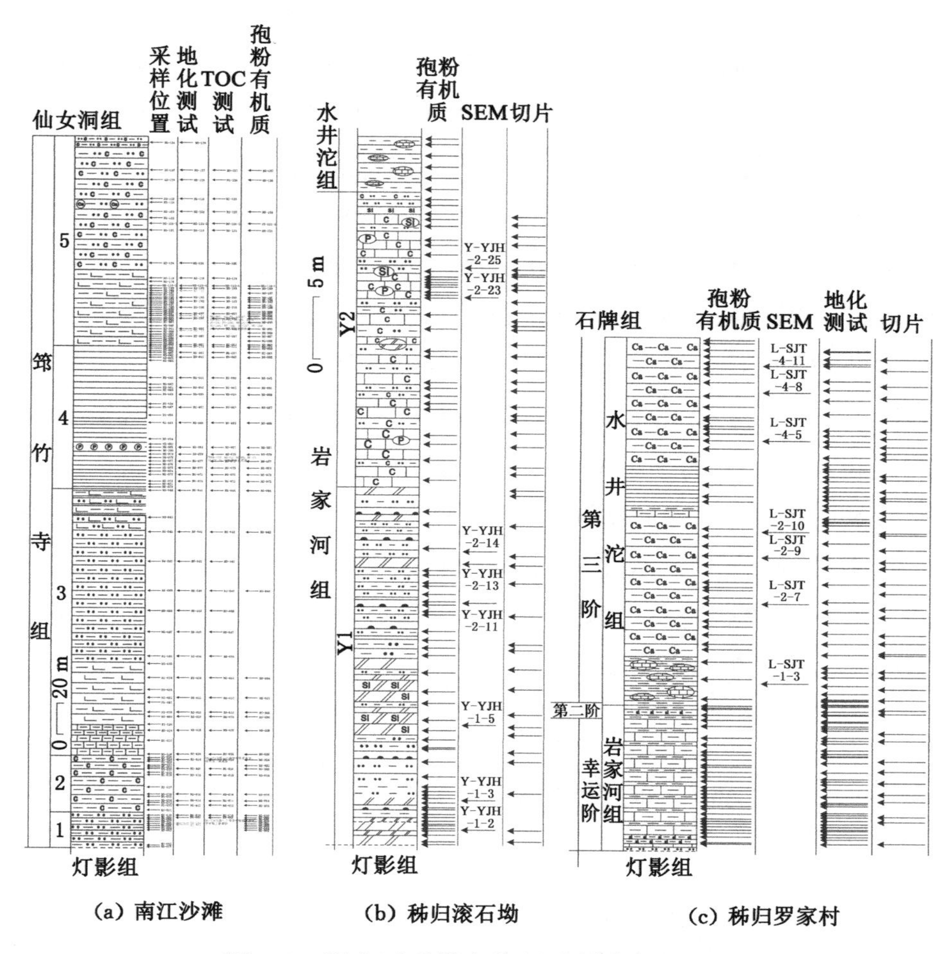

图 3-1　研究区采样点位置(图例同图 2-2)

3.1 地球化学测试

对沙滩剖面和罗家村剖面进行了地球化学测试,测试前首先选取新鲜的未经风化的样品。沙滩剖面的主量元素测试是利用湖北地质局的 XRF-1800 波长色散 X 射线荧光光谱仪完成的，将样品碎至 200 目并且称量定量。罗家村剖面的主量元素是利用中国地质大学(武汉)地质过程与矿产资源国家重点实验室的 Rigaku 3040 波长色散 X 射线荧光光谱仪完成的。测试方法均为固态 X 射线荧光光谱法(XRF)。主量元素分析精度大于 5%。沙滩剖面和罗家村剖面的微量和稀土元素测试是利用中国地质大学(武汉)地质过程与矿产资源国家重点实验室的安捷伦电感耦合等离子体质谱仪完成的，根据国际岩石分析标准 BHVO-2 和 BCR-2，此次实验分析精度大于 5%。铝和钛是指示沉积物中碎屑硅的指标。铝是铝矽酸盐和黏土矿物的主要成分之一，而钛是黏土矿物和金红石中的重要微量元素[262]。在此次研究中，使用每种元素与铝(X/Al)的比例对元素进行归一化。对沙滩剖面进行了 TOC 测试，将粉末在 10% 的盐酸中溶解后进行干燥，再利用中石化无锡石油地质研究所的 CS-2000 碳硫测试仪完成测试。

3.2 孢粉有机质提取和统计

在中国地质大学(武汉)生物地质与环境地质国家重点实验室显微结构分室进行了孢粉有机质提取，采用常规酸碱法及重液浮选法提取有机质和孢型化石。依据石油行业标准《化石孢粉分析鉴定》(SY/T 5915—2018)对试样进行定量分析处理，观察和照相利用 Leica DM5500 生物显微镜进行。

具体实验流程如下：

(1) 从所选取的样品中称取等量的新鲜干样(沙滩剖面 50 g，岩家河和罗家村剖面 25 g)放入 1 000 mL 塑料烧杯中，向烧杯中加入 1 粒石松孢子药片。

(2) 在烧杯上用记号笔写上样品号，并在笔记本上记录烧杯编号和与之对应的样品号。

(3) 将浓盐酸加入每个烧杯，直到液面没过样品表面2 cm，接下来用玻璃棒充分搅拌，帮助其充分反应，在通风处静置约10 h，继续向烧杯中加入30 mL盐酸并充分搅拌，然后在通风橱内静置10 h。

(4) 用加清水—静置沉淀—倒出液体的方法稀释烧杯内液体，使之接近中性。

(5) 将上述步骤重复6次。

(6) 向每个烧杯中加入氢氟酸，直到液面没过样品表面2 cm，用玻璃棒充分搅拌；在通风橱中放置约12 h。

(7) 用加清水—静置沉淀—倒出液体的方法稀释烧杯内液体，使之接近中性。

(8) 将烧杯中的所有剩余物质倒入大离心管，在离心机中离心15 min，倒掉上层清液，然后在平整的试验台上倒置大离心管15 h。

(9) 在每个大离心管中加入重液并用玻璃棒充分搅匀(搅拌过程约2 min)，将大离心管重新放回离心机内，进行约24 min的离心。

(10) 准备相应数量的装有质量分数5%冰醋酸溶液的小烧杯，将大离心管中上层液体倒入其中，静置15 h。

(11) 将小烧杯中的上层液体收集进一个干净有盖的塑料桶以便重液回收，将杯中剩余的混有残余颗粒的混合液体倒入小离心管中，将小离心管放入离心机，设置离心时长15 min，取出小试管，倒掉上层清液，重新灌满小烧杯中的残余液体并重复这个步骤，直至离心完小烧杯内全部残留物。

用外来石松孢子作为标记，对各类有机质进行了统计定量。由于沙滩剖面显微镜下无定型有机质(AOM)的含量远大于其他两类有机质，且不好区分个数，因此运用了Adobe Photoshop图像处理软件进行了面积统计。罗家村剖面无定型有机质,沙滩剖面和罗家村剖面孢型和结构有机质(SOM)按照个数进行统计,统计公式如下:

$$X_1 = \frac{SC_{ly}}{N_{ly}} \tag{3-1}$$

$$X_2 = \frac{NC_{ly}}{N_{ly}} \tag{3-2}$$

式中 X_1——AOM 浓度,$\mu m^2/50$ g;

S——AOM 面积,μm^2;

C_{ly}——石松孢子浓度,27 637 片/50 g;

N_{ly}——镜下统计的石松孢子数量,片;

X_2——孢型(或 SOM)浓度,片/50 g;

N——镜下统计的孢型(或 SOM)数量,个。

3.3 扫描电镜实验

本次扫描电镜研究是在中国地质大学地质过程与矿产资源国家重点实验室完成的,运用了场发射扫描电镜和环境扫描电镜。通过二次电子成像(SE,secondary electron)反映样品表面的形貌特征,通过背散射电子(BSE,backscattered electron)信号获得原子序数衬度像,平均原子序数较大的位置在屏幕上较亮,因为其产生的背散射电子信号较强,反之则较暗,从而形成了成分衬度,有助于此次实验对有机质的有效查找。作为此次元素分析的工具,能谱仪(EDS,energy dispersive spectrometer)能谱分析,是利用原子内层能电子受激发后产生的特征 X 射线释放的电磁波辐射来判断物质成分的。

实验步骤如下:

(1) 从岩家河剖面、沙滩剖面和罗家村剖面样品各种岩性中选取新鲜样品,用锤子敲出平坦的表面。

(2) 利用喷碳仪给样品表面喷上碳膜。

(3) 在背散射模式下用低倍模式寻找颜色较深的有机质,再切换至二次电子模式,调整清晰度、对比度和亮度并进行拍照及能谱测试。

对所选样品中的原位有机质进行了观察、扫描照相和详细记录,实验共获得照片215张,能谱点284个。

3.4　化石酸处理

对滚石坳剖面和罗家村剖面岩家河组和水井沱组灰岩结合进行了室内处理,主要包括碎样、酸试剂腐蚀、淘洗残渣、烘干、显微镜下挑样、粪化石上台、扫描电镜照相。详细流程如下:

(1) 用清水将样品洗净以避免污染,并碎成大约一元硬币大小的碎块。

(2) 将碎块放入大烧杯中,加入质量分数10%的稀醋酸。

(3) 将烧杯放入通风橱中静置12 h,随后倒掉上层醋酸,往烧杯中加入清水稀释。

(4) 重复上述步骤4～5次,以便样品完全反应。

(5) 先后用20目和300目的筛子筛洗残渣。

(6) 将筛洗后的残渣转移到干净的烧杯中,放入烘箱烘干。

(7) 在双目镜下挑取粪化石。

(8) 将化石转移到涂有乳胶的干净的铜台上,等待其晾干以固定粪化石。

(9) 将铜台放入扫描电镜下进行观察、照相和能谱测试。

第4章 研究区寒武纪早期微体古生物化石组合

4.1 中国寒武纪早期有机质壁微体化石分布

为了更充分地了解早古生代微体浮游植物的多样性，本书对中国寒武纪有机质壁微体化石进行了详尽的统计。我国寒武纪早期的有机质壁化石主要报道于扬子板块。扬子板块东南缘和北缘各区域都分布有大量完整的寒武纪地层，如贵州省东南部、广西壮族自治区东北部、云南省东部、浙江省北部和湖北省西部[35,144,213,230]，这也是寒武纪江南斜坡带和扬子板块大陆架展布的区域。我国寒武纪早期有机质壁化石报道的多数剖面都沿这些区域展布，因为这些区域在埃迪卡拉纪—寒武纪转换期的地层连续沉积并且地层出露完整。

对于我国寒武纪微古植物已有大量的报道，但其地层划分对比比较混乱，这受限于寒武纪地层的复杂性(尤其是寒武纪底部)和研究力度的缺乏。近几十年来，中国沉积层序研究的发展对寒武纪国际年代地层格架的建立起到非常大的作用，自2003年以来，中国已确定了4个全球年代地层单位界线层型剖面和点位(金钉子GSSP)[263]，这离不开中国寒武纪年代地层划分和对比的研究成果。有学者对中国寒武纪地层做了全面的综述[264]，此次研究中有机质壁微体化石的地层对应参照了该文提供的最新的综合地层对比表格，主要依据为原文中报道的有机质壁化石的生物带，包括三叶虫带、小壳化石带、古杯动物和牙形化石带，其次也参照了岩石地层单位。

按时间顺序列出，从寒武纪幸运阶至第三阶总共 79 属 138 种，其中幸运阶出现了 48 属 90 种，第二阶出现了 38 属 72 种，第三阶出现了 26 属 40 种。现今报道的我国寒武纪有机质壁微体化石以疑源类为主，古生代早期最常见的有机质壁化石是疑源类，它被认为是海洋浮游植物的最主要部分[151-152]。有极少数研究报道了隐孢子和几丁虫。本次研究中所有数据均为原文献中的原始数据，此次汇编结果并不代表我国寒武纪有机质壁化石真正的多样性，得到的数据并不代表真实的有机质壁微体化石分异度，因为不同地质时代以及不同地区的研究力度不一致。因此，现在讨论我国寒武纪有机壁化石的多样性变化趋势还为时尚早。然而，此次研究表明我国寒武纪有机质壁化石属种较为丰富，分布广泛，为寒武纪有机质来源的研究提供了重要理论支持。

4.2　研究区有机质壁化石

4.2.1　南江沙滩剖面

为了探究南江沙滩剖面筇竹寺组的微体古生物组成，对孢粉有机质薄片中保存好的各类化石进行了鉴定，发现各层位的生物类型多样。总的来说，此次获得的有机质壁微体化石可以分为孢型化石和小型碳质化石(SCFs)。孢型化石主要有疑源类和菌孢体化石共 20 类，它们可能来源于亲缘关系不明的原生生物或真菌的有机质壁囊孢,大多数可能是海生真核浮游植物的休眠囊孢,以及一些底栖藻类囊孢和真菌孢子体,也可能包含一些动物的卵。SCFs为一些尺寸介于微体的孢型和宏体化石之间的有机质壁化石,包含了宏观藻类碎片、动物碎片、海绵骨针和小壳化石的有机质内衬(碳质内膜)和不明类型的具细胞结构的碎片,此外还获得了一定数量的虫牙。

此次找到的疑源类以单球藻和多球藻为主,分别为:光面球藻[Leiosphaeridia sp.,图4-1(a)、(b)]、巢面球藻[Orygmatophaeridi sp.,图4-1(c)]、多孔球藻[Aureotesta sp.,图4-1(d)]、粒面球藻[Granodiscus sp.,图4-1(e)]、粗面球藻[Trachysphaeridium sp.,图4-1(f)、(g)]、念珠藻[Nostoc sp.,图4-1(h)]、团藻[Volvocales sp.,图4-1(i)、(j)]、鲛面球藻[Trachysphaeridium sp.,图4-1(k)]、橄榄藻[Leioarachnium sp.,图4-1(l)]、色球藻[Chrococcaceae sp.,图4-2(a)]、塔潘藻[Tappania sp.,图4-2(b)]、瘤面球藻[Lophominuscula sp.,图4-2(c)]、黏球藻[Gloeocapsa sp.,图4-2(d)]、别格球藻[Distosphaera sp.,图4-2(e)]、乳凸腔突藻[Rhopaliophora mamilliformis,图4-2(f)]、具刺突球藻[Peteinosphaeridium sp.,图4-2(g)]和渐趋薄壁藻[Tenuirica gradate,图4-2(h)]。菌孢体为25 μm或更小的表面光滑的球体[图4-2(i)、(j)],也有隐孢子[Cryptospores sp.,图4-2(k)]。图4-2(l)可能为几丁虫的虫牙。

具生物结构的碎片在沙滩剖面孢粉有机质薄片中大量存在,其中大多为棕色或褐色具细胞结构的碎片和具纤维状或膜状结构的不确定组织碎片。图4-3(a)~(c)为宏观藻类化石体的碎片,图4-3(c)为叶片状碎片,上部具柄状结构,颜色呈棕褐色;图4-3(b)为图4-3(c)虚线框处放大后的照片,可见不规则纹饰;图4-3(a)为图4-3(b)虚线框处放大后的照片,表面可见圆形孔状结构,直径为1~2 μm。图4-3(d)~(f)为宏观藻类的紧密排列的多室孢子囊,

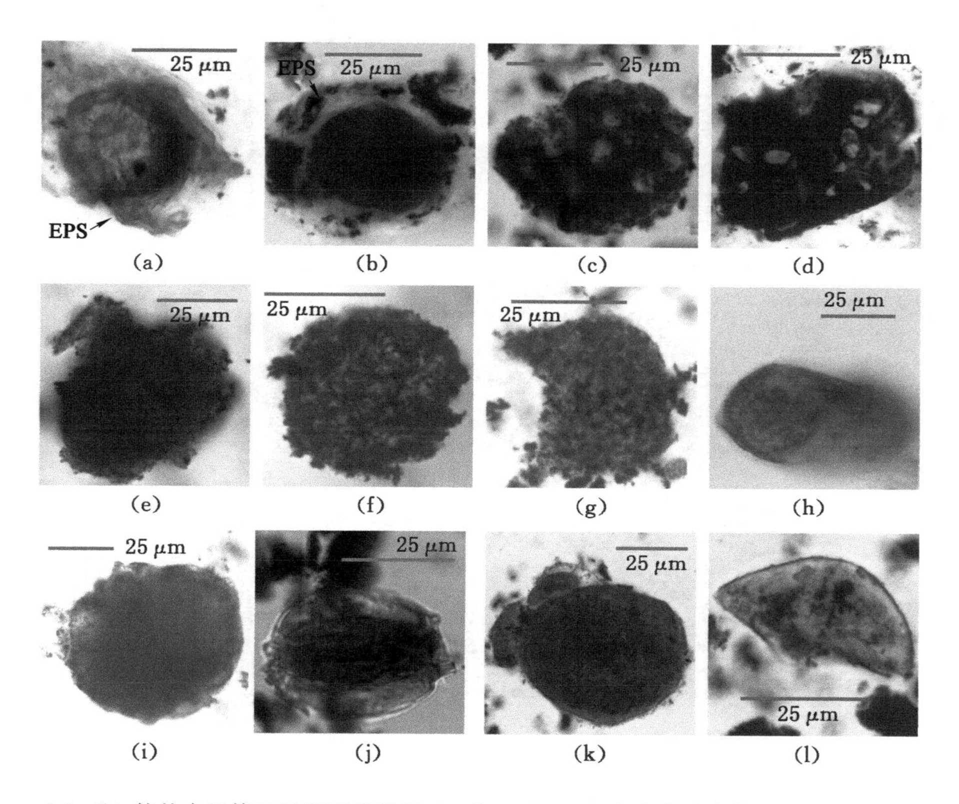

(a)、(b) 筇竹寺组第 5 层光面球藻(Leiosphaeridia sp.)和胞外聚合物 EPS(NS-124)；

(c) 筇竹寺组第 4 层巢面球藻(Orygmatophaeridi sp.,NS-72)

(d) 筇竹寺组第 1 层多孔球藻(Aureotesta sp.,NS-003)；

(e) 筇竹寺组第 4 层粒面球藻(Granodiscus sp.,NS-72)；

(f)、(g) 筇竹寺组第 4 层粗面球藻(Trachysphaeridium sp.,NS-72)；

(h) 筇竹寺组第 5 层念珠藻(Nostoc sp.),内部为念珠菌丝状体，

外部为胞外聚合物 EPS(NS-124)；

(i)、(j) 筇竹寺组第 5 层团藻(Volvocales sp.,NS-67,NS-124)；

(k) 筇竹寺组第 4 层鲛面球藻(Trachysphaeridium sp.,NS-72)；

(l) 筇竹寺组第 4 层橄榄藻(Leioarachnium sp.,NS-72)。

图 4-1 沙滩剖面筇竹寺组孢型化石(一)

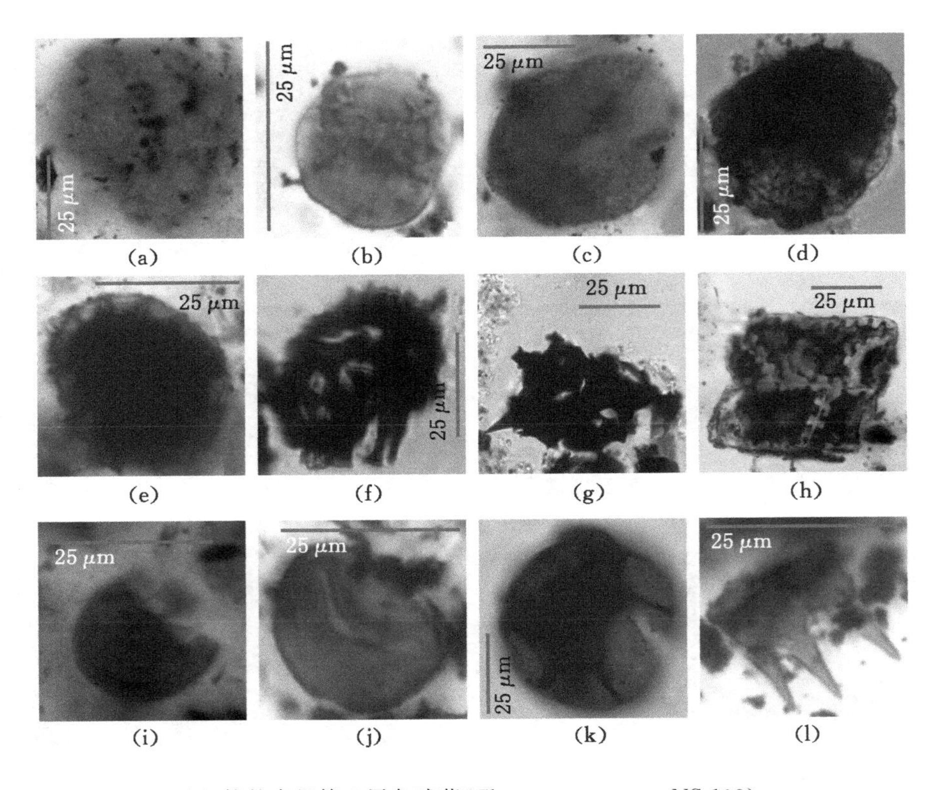

(a) 筇竹寺组第 5 层色球藻(Chrococcaceae sp. ,NS-103);

(b) 筇竹寺组第 4 层平展塔潘藻(Tappania sp. ,NS-72);

(c) 筇竹寺组第 5 层瘤面球藻(Lophominuscula sp. ,NS-124);

(d) 筇竹寺组第 5 层黏球藻(Gloeocapsa sp. ,NS-100);

(e) 筇竹寺组第 5 层别格球藻(Distosphaera sp. ,NS-100);

(f) 筇竹寺组第 5 层乳凸腔突藻(Rhopaliophora mamilliformis,NS-124,NS-100);

(g) 筇竹寺组第 3 层具刺突球藻(Peteinosphaeridium sp. ,NS-32);

(h) 筇竹寺组第 5 层渐趋薄壁藻(Tenuirica gradate,NS-124);

(i) 筇竹寺组第 5 层菌孢体(NS-103);(j) 筇竹寺组第 4 层菌孢体(NS-72);

(k) 筇竹寺组第 3 层隐孢子(Cryptospores sp.);

(l) 筇竹寺组第 4 层虫牙(NS-72)。

图 4-2 沙滩剖面筇竹寺组孢型化石(二)

单个孢子囊呈轴对称六边形，直径为 7～10 μm，周围是降解掉的组织，呈絮凝状。图 4-3(g)为具平行排列纤维状结构的碎片，颜色为浅棕色，可能为宏观藻类碎片。图 4-3(h)为边缘清晰且卷曲的具生物膜状结构的碎片，颜色为深褐至深棕色。图 4-3(i)为具五边形细胞结构的形状不规则的膜状碎片，颜色为深褐至深棕色。图 4-3(j)为具中轴的管状碎片，颜色为深褐色，疑似宏观藻类孢管结构。图 4-3(k)、(l)为黑色边缘清晰的结构有机质，已无可以区分的生物结构。图 4-3(m)为具鱼鳞状纹饰的浅褐色膜状碎片，疑似动物碎片。

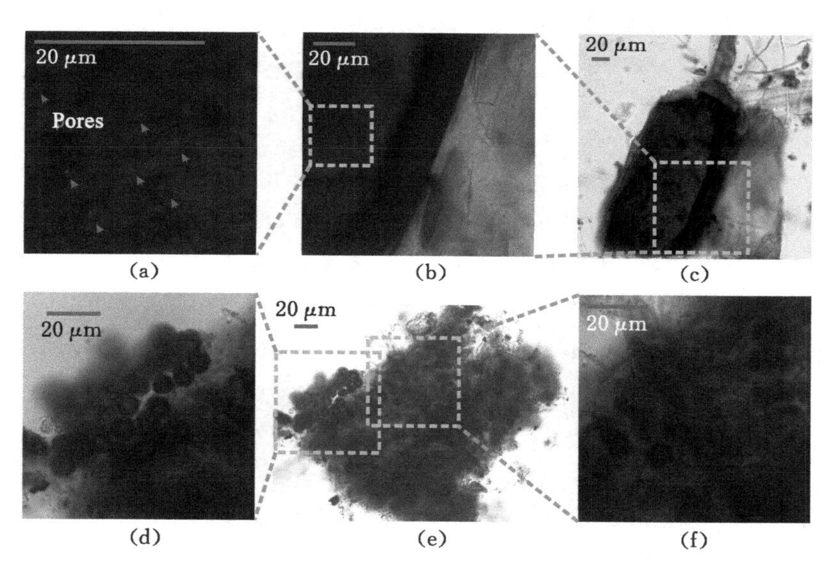

(a)～(c) 筇竹寺组第 1 层具有生物结构的宏观藻类化石体的碎片

[(c)图显示整体呈叶片状，上部具柄状结构，

(b)图为(c)图局部放大照片，可见碎片表面清晰的结构，

(a)图为(b)图局部放大，可见表面气孔，NS-005]；

(d)～(f) 筇竹寺组第 1 层宏观藻类孢子囊(NS-005)。

图 4-3　沙滩剖面筇竹寺组生物结构碎片(一)

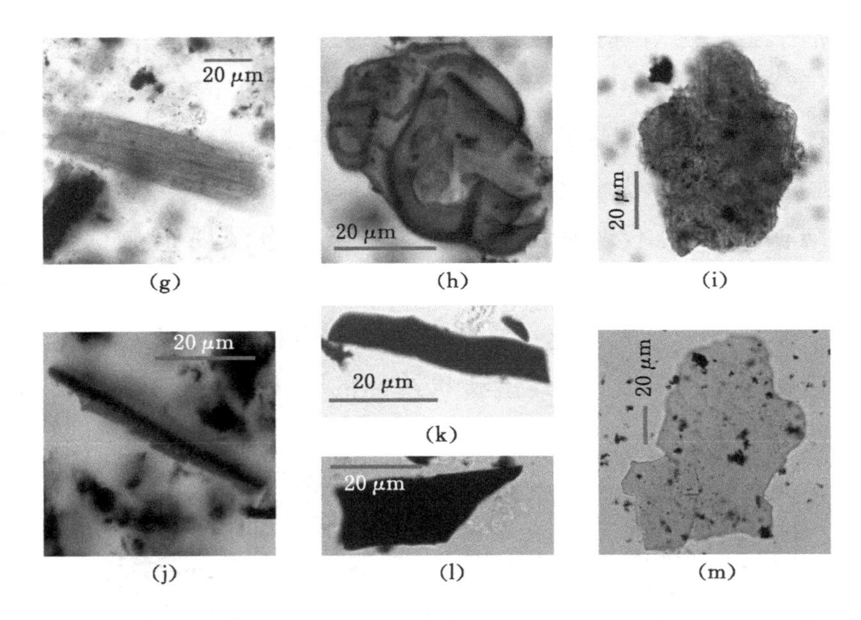

(g) 筇竹寺组第 5 层纤维状宏观藻类碎片(NS-100);

(h) 筇竹寺组第 4 层宏观藻类碎片 (NS-55);

(i) 筇竹寺组第 4 层宏观藻类碎片,可见细胞结构 (NS-72);

(j) 筇竹寺组第 4 层宏观藻类孢管(NS-55);

(k)、(l) 筇竹寺组第 5 层和第 1 层结构有机质(NS-100,NS-008);

(m) 筇竹寺组第 4 层动物碎片,可见鱼鳞状纹饰(NS-72)。

图 4-3(续)

图 4-4(a)和(b)为小壳化石有机质内衬,可见三层结构;图 4-4(a)中的化石形态可与 Protohertzina sp. 对比,图 4-4(b)中的化石形态弯曲,可与 Anabarites sp. 对比;图 4-4(c)为具方格状细胞结构的碎片,方格长约 35 μm,宽约 20 μm;图 4-4(d)为具四边形细胞结构的碎片,四边形长轴约为 75 μm,短轴约为 30 μm;图 4-4(e)为由 10 个圆形组成的链状化石,单个圆的直径约为 5 μm,可见厚约 1 μm 的外壁结构;图 4-4(f)为类似树脂体的半透明的褐色有机质碎片;图 4-4(g)为表面具鱼鳞状纹饰的鞘状碎片,开口处可见其叠

合形态，末端平滑且呈闭合的套状，疑似动物碎片；图 4-4(h)为触须状黑色有机质碎片，其平均宽度约为 2 μm。

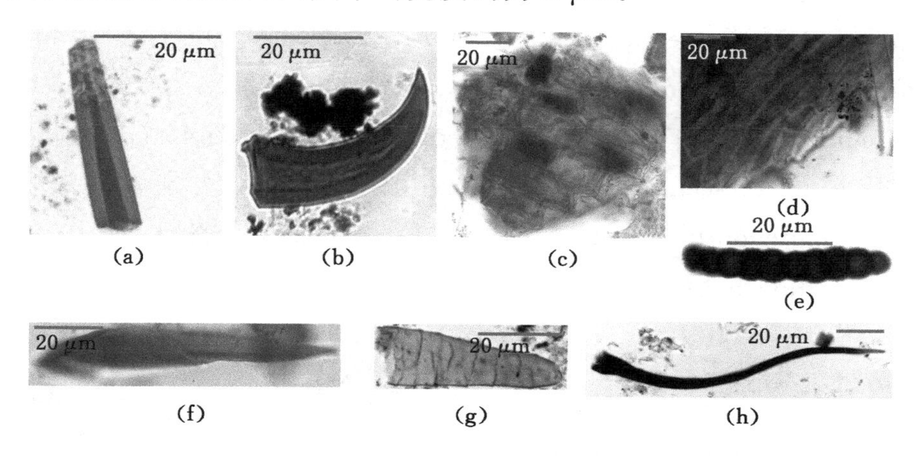

(a)、(b) 筇竹寺组第 1 层小壳化石有机质内衬(NS-005)；
(c) 筇竹寺组第 1 层方格状结构的有机质碎片(NS-009)；
(d) 筇竹寺组第 1 层具四边形结构的有机质碎片(NS-009)；
(e) 筇竹寺组第 4 层链状化石(NS-55)；
(f) 筇竹寺组第 4 层树脂状碎片(NS-084)；
(g) 筇竹寺组第 5 层鞘状碎片，可见鱼鳞状纹饰(NS-101)；
(h) 筇竹寺组第 4 层触须状碎片(NS-72)。

图 4-4　沙滩剖面筇竹寺组生物结构碎片(二)

4.2.2　滚石坳剖面和罗家村剖面

1. 滚石坳剖面

为了分析滚石坳剖面有机质壁微体化石的分布，对孢粉有机质薄片中的化石进行了鉴定，发现滚石坳剖面岩家河组化石非常多样。有机质壁微体化石同样也为孢型化石和小型碳质化石(SCFs)。此次找到的孢型化石有单球藻和多球藻两种类型。SCFs 为一些宏观藻类碎片、动物碎片、海绵骨针的碳质内膜和一些未知的管状类型化石。

通过生物显微镜透射光观察，共鉴定出多球藻 8 类，分别为：小型光面小球藻[Leiominuscula minuta，图 4-5(a)]、古片藻[Laminarites antiquissimus，图 4-5(b)]、堆积连球藻[Synspphaeridium sorediforme，图 4-5(c)]、群体藻[Colony of algae，图 4-5(d)]、椭圆连胞藻[Arctacellularia ellipsoidea，图 4-5(e)]、密集古隐杆藻[Palaeoaphanothece spissa，图 4-5(f)]、多细胞片藻[Laminarites multicellularis，图 4-5(g)]和蓟县拟实球藻[Pandorinopsis jixianensis，图 4-5(h)]。

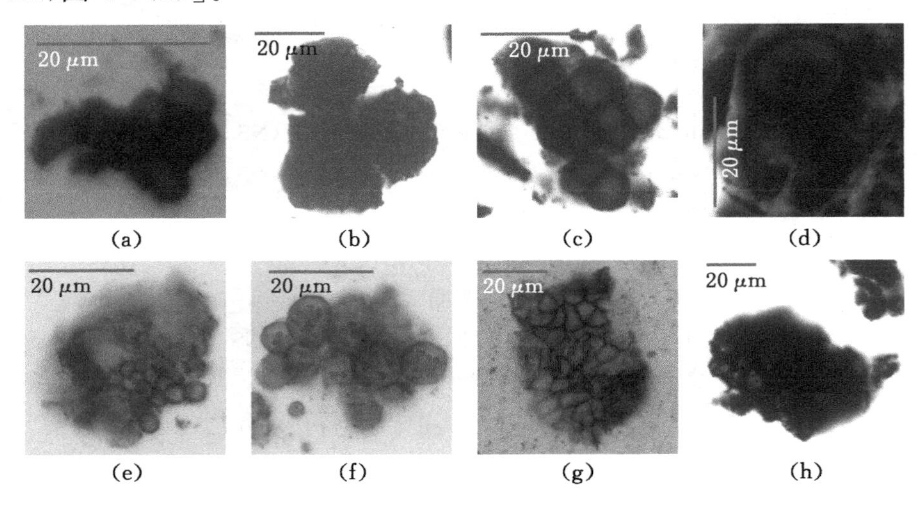

(a) 岩家河组第 2 层小型光面小球藻(Leiominuscula minuta，Y. YJH-2-1)；
(b) 岩家河组第 4 层古片藻(Laminarites antiquissimus，Y. YJH-4-3)；
(c) 岩家河组第 4 层堆积连球藻(Synspphaeridium sorediforme，Y. YJH-4-11)；
(d) 岩家河组第 4 层群体藻(Colony of algae，Y. YJH-4-11)；
(e) 岩家河组第 8 层椭圆连胞藻(Arctacellularia ellipsoidea，Y. YJH-8-3)；
(f) 岩家河组第 4 层密集古隐杆藻(Palaeoaphanothece spissa，Y. YJH-4-1)；
(g) 岩家河组第 6 层多细胞片藻(Laminarites multicellularis，Y. YJH-6-2)；
(h) 岩家河组第 9 层蓟县拟实球藻(Pandorinopsis jixianensis，Y. YJH-9-3)。

图 4-5　滚石坳剖面岩家河组多球藻化石

滚石坳剖面岩家河组的单球藻一共有 21 类，其保存状态不一。层纹皱球藻（Strictophaeridium sp.）为深黑色，边缘清晰[图 4-6(a)～(c)]；强硬角球藻（Goniosphaeridium cratum）呈深棕色至深褐色，表面可见模糊的孔隙[图 4-6(d)]；古光球藻（Leiopsophosphaera infriata）颜色为棕褐色，外壁光滑，周围有胞外聚合物包裹[图 4-6(e)]；虚弱原始球藻（Protosphaeridium pusillum）呈深黑色，外壁光滑[图 4-6(f)、(g)]。此外还发现有菌孢体[图 4-6(h)]。

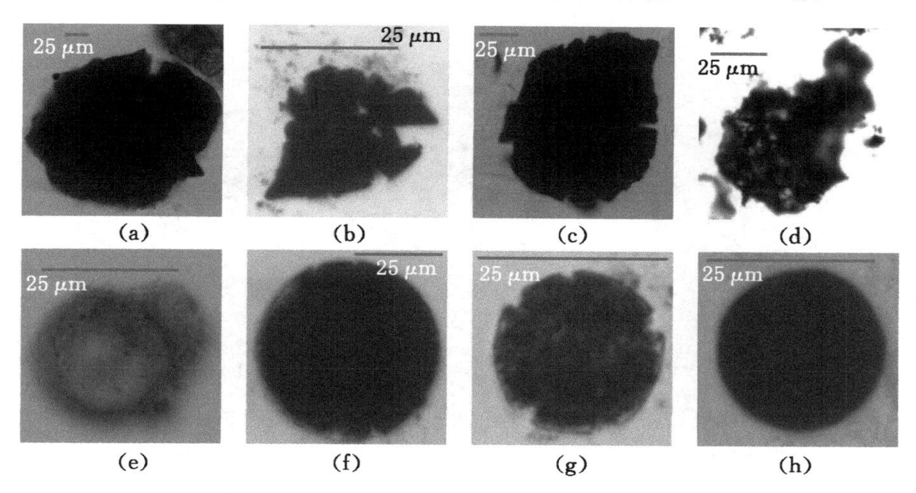

(a)～(c) 岩家河组 Y2、Y1 层纹皱球藻（Strictophaeridium sp.，Y. YJH-13-2，Y. YJH-3-5，Y. YJH-7-1）；
(d) 岩家河组 Y2 层强硬角球藻（Goniosphaeridium cratum，Y. YJH-9-3）；
(e) 岩家河组 Y2 层古光球藻（Leiopsophosphaera infriata，Y. YJH-13-2）；
(f)、(g) 岩家河组 Y1 层虚弱原始球藻（Protosphaeridium pusillum，Y. YJH-4-3，Y. YJH-3-5）；
(h) 岩家河组 Y1 层菌孢体（Y. YJH-2-1）。

图 4-6　滚石坳剖面岩家河组单球藻化石

图 4-7 分别展示的是巴甫林糙面球藻[Asperatosphaeridium bavlensis，图 4-7(a)]、多隔花边球藻[Cymatiosphaera multisepta，图 4-7(b)]、美丽别格球藻[Distosphaera speciosa，图 4-7(c)]、坚密

光球藻[Leiopsophsphaera densa,图 4-7(d)]、模糊多孔体[Polyporata obsoleta,图 4-7(e)、(f)]。

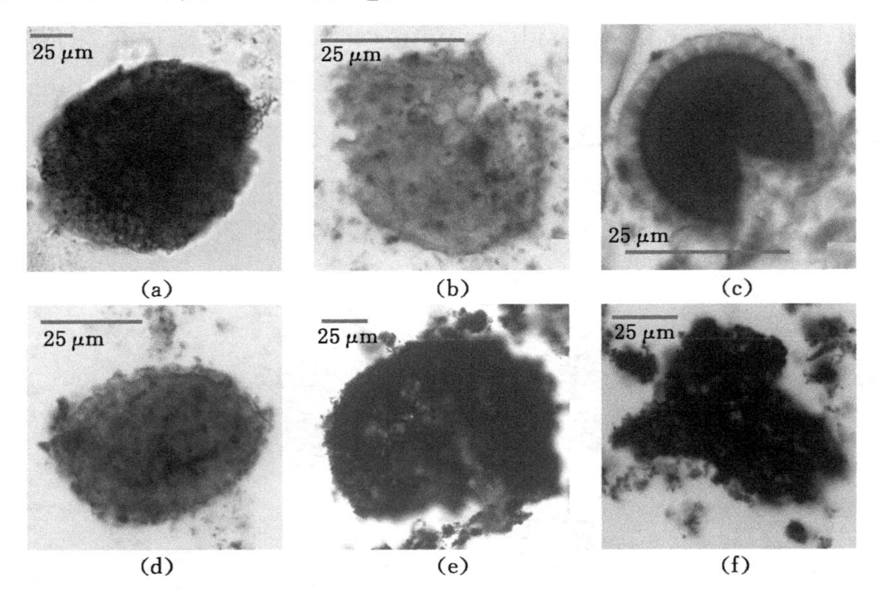

(a) 岩家河组 Y1 层巴甫林糙面球藻(Asperatosphaeridium bavlensis,Y. YJH-5-1);
(b) 岩家河组 Y1 层多隔花边球藻(Cymatiosphaera multisepta,Y. YJH-3-5);
(c) 岩家河组 Y1 层美丽别格球藻(Distosphaera speciosa,Y. YJH-4-11);
(d) 岩家河组 Y1 坚密光球藻(Leiopsophsphaera densa,Y. YJH-9-3);
(e)、(f) 岩家河组 Y2 层模糊多孔体(Polyporata obsoleta,
Y. YJH-8-1,Y. YJH-8-3)。

图 4-7 滚石坳剖面岩家河组单球藻化石(二)

图 4-8 展示的分别是库里巴波罗的海球藻[Baltisphaeridium coolobahense,图 4-8(a)~(d)]、多皱条纹藻[Striatotheca rugosa,图 4-8(e)、(f)]、蓟县古色球藻[Palaeochroococcus jixianensis,图 4-8(g)、(h)]、假网粗面球形藻[Trachysphaeridium stipticum,图 4-8(i)]、群体萨特卡藻[Satka colonialica,图 4-8(j)]和异形翼突球藻[Peteinosphaeridium dissimile,图 4-8(k)]。图 4-8(l)为岩家河组第 2 层不规则藻类碎片。图 4-8(m)为菌孢体,它是直径 25 μm 左右或更小的表面光

滑的球体。图 4-8(n)为蓝细菌,其宽度约为 15 μm,有间隔为约 2 μm 的隔壁。图 4-8(o)、(p)为棕色具有网形结构物的膜状碎片,图 4-8(o)的网状结构不规则,一些网格内有絮凝状填充物;图 4-8(p)的网状由规则的近似长方形和不规则四边形组成,一些网格内有深褐色填充物,可能为宏观藻类的碎片。

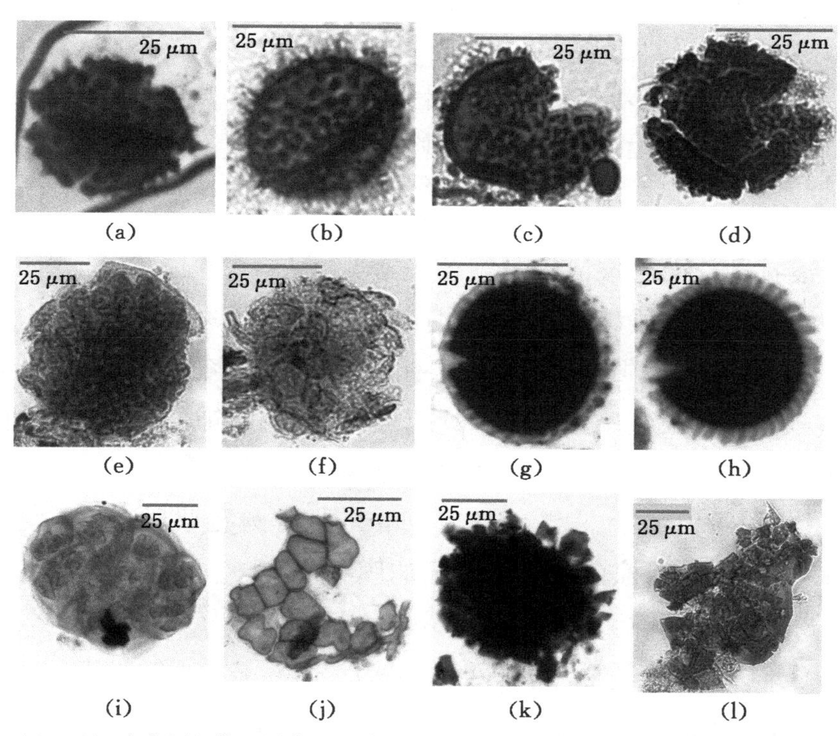

(a)～(d) 岩家河组第 2 层库里巴波罗的海球藻(Baltisphaeridium coolobahense, Y. YJH-2-1,Y. YJH-2-3);

(e)、(f) 岩家河组第 2 层多皱条纹藻(Striatotheca rugosa,Y. YJH-2-3);

(g)、(h) 岩家河组第 2 层蓟县古色球藻(Palaeochroococcus jixianensis,Y. YJH-2-1);

(i) 岩家河组第 2 层假网粗面球形藻(Trachysphaeridium stipticum,Y. YJH-2-2);

(j) 岩家河组第 2 层群体萨特卡藻(Satka colonialica,Y. YJH-2-1);

(k) 岩家河组第 2 层异形翼突球藻(Peteinosphaeridium dissimile,Y. YJH-2-1);

(l) 岩家河组第 2 层不规则藻类碎片(Y. YJH-2-3)

图 4-8　滚石坳剖面岩家河组单球藻和其他有机质壁微体化石

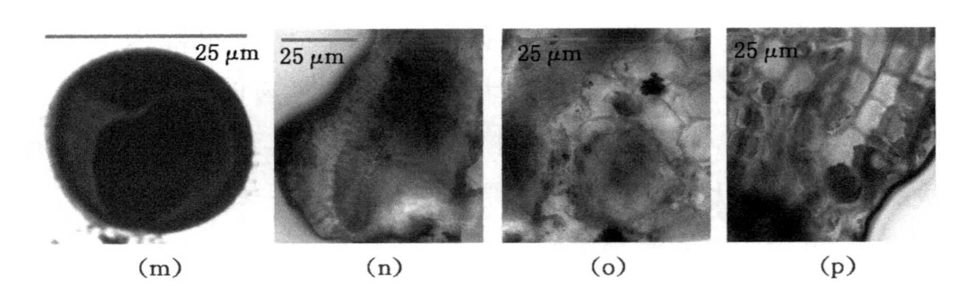

(m) 岩家河组第 2 层菌孢体(Y. YJH-2-3);

(n) 岩家河组第 2 层蓝细菌(Y. YJH-2-2);

(o)、(p) 具有网形结构物的膜状碎片(Y. YJH-2-2)。

图 4-8(续)

滚石坳剖面岩家河组宏观藻类碎片为一些具有管状或网形结构物的膜状有机质碎片,部分碎片特征不明显,但仍有生物结构(图 4-9)。图 4-9(a)和图 4-9(b)为具有平行排列的条纹状纹饰的褐色碎片,条纹宽约 7 μm;图 4-9(c)为具有不规则纹饰的褐色类似树脂状碎片;图 4-9(d)为具有较规则的近似长方形网格纹饰的褐色膜状碎片;图 4-9(e)为棕黑色具有 1 μm 左右圆孔状结构的膜状碎片;图 4-9(f)为深棕色结构不明显的膜状碎片。

2. 罗家村剖面

总的来说,罗家村剖面岩性主要为泥含量较高的含钙质泥岩和黑色页岩,孢型化石丰富,大多数碳化严重,仅有少量能够鉴定,但是它们的形态特征,如囊泡的结构、壁的厚度、褶皱和开口的数量各不相同,相互具有明显的区别。通过生物显微镜下透射光观察,在罗家村剖面岩家河组和水井沱组地层中得到了疑源类化石 14 类和一定数量的菌孢体及宏观藻类碎片,分别为:光面球藻[Leiosphaeridia sp.,图 4-10(a)、(g)]、塔潘藻[Tappania sp.,图 4-10(b)、(c)]、模糊多孔体[Polyporata obsoleta,图 4-10(d)、(e)]、黏球藻[Gloeocapsa sp.,图 4-10(f)]和星射厚壁球藻[Pachysphaeridium

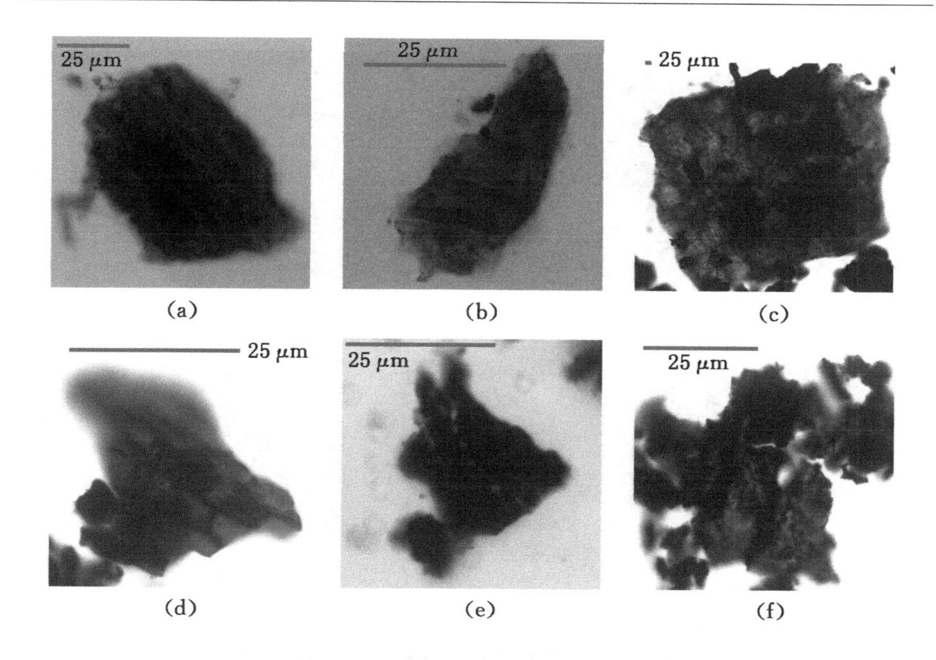

(a)～(d) 岩家河组第 Y1 层具有螺旋管状物和网形结构物的膜状宏观藻类碎片
(Y. YJH-2-1，Y. YJH-14-1，Y. YJH-9-3)；
(e)、(f) 岩家河组第 Y2 层宏观藻类碎片(Y. YJH-3-5，Y. YJH-9-3)。

图 4-9　滚石坳剖面岩家河组宏观藻类碎片

sidereun，图 4-10(h)]。菌孢体为 25 μm 或更小的表面光滑的球体[图 4-10(i)]。宏观藻类碎片为表面可见气孔、木质结构、网状纹饰的片状或棒状[图 4-10(j)～(l)]。

此外还有其他一些单球藻类，分别为 Pseudozonosphaera densa[图 4-11(a)]、Pololeptus biacris[图 4-11(b)]、Pterospermella solida[图 4-11(c)]、Leiosphaeridia atava[图 4-11(d)]、Asperatopsophosphaera umishanensis[图 4-11(e)]、Meghystrichosphaeridium Densum[图 4-11(f)]、Leiosphaeridia ternate[图 4-11(g)、(h)]。多球藻类分别有 Satka colonialica[图 4-11(i)、(l)]、Microconcentrica cymata[图 4-11(m)]、Palaeoaphnothece spissa

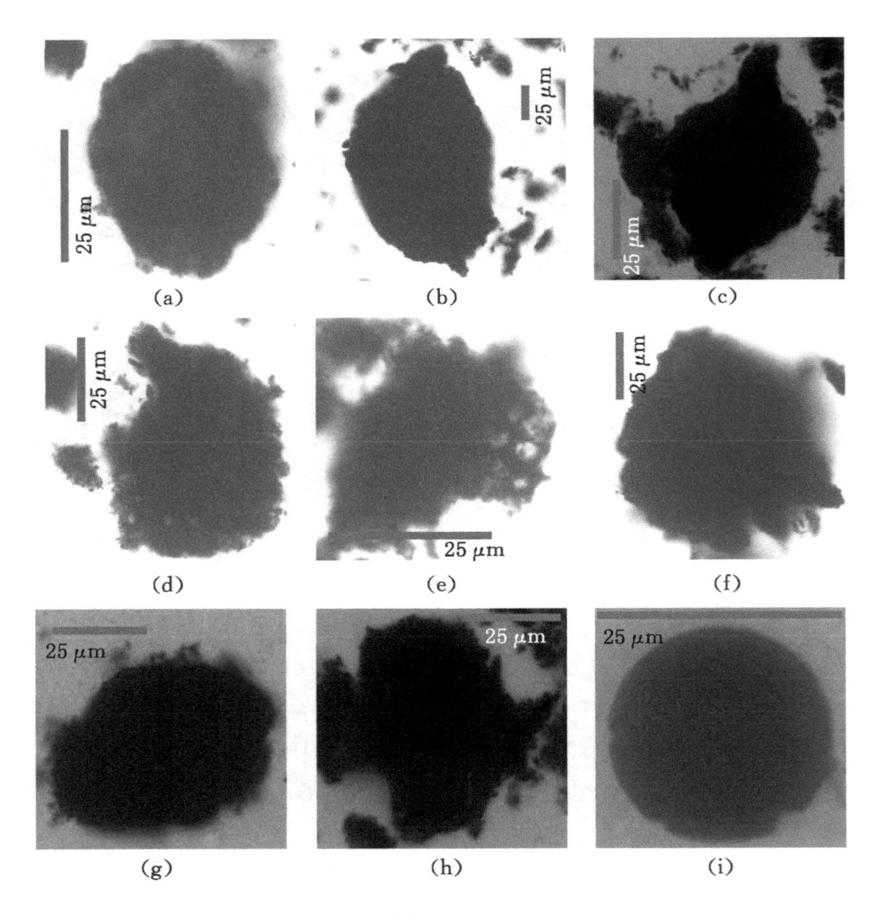

(a) 水井沱组第 S1 层光面球藻(Leiosphaeridia sp. ,L. SJT-1-4)；

(b) 水井沱组第 S1 层塔潘藻(Tappania sp. ,L. SJT-1-3)；

(c) 岩家河组第 Y2 层塔潘藻(Tappania sp. ,L. YJH-2-9)；

(d) 水井沱组第 S4 层模糊多孔体(Polyporata obsoleta,L. SJT-4-1)；

(e) 岩家河组第 Y2 层模糊多孔体(Polyporata obsoleta,L. YJH-2-29)；

(f) 水井沱组第 S4 层黏球藻(Gloeocapsa sp. ,L. SJT-4-7)；

(g) 水井沱组第 S4 层光面球藻(Leiosphaeridia sp. ,L. SJT-4-12)；

(h) 岩家河组第 Y2 层星射厚壁球藻(Pachysphaeridium sidereun,L. YJH-2-1)；

(i) 筇竹寺组第 S4 层菌孢体(L. SJT-4-10)

图 4-10　罗家村剖面岩家河组和水井沱组有机质壁微体化石(一)

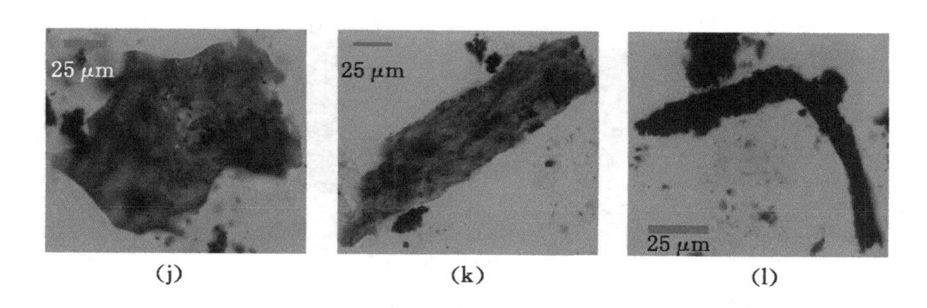

(j)　　(k)　　(l)

(j)～(l) 水井沱组第 S4 层宏观藻类碎片。

图 4-10 (续)

[图 4-11(n)]、Leiominuscula incrassate [图 4-11(o)]、Arctacellularia ellipsoidea[图 4-11(p)],图 4-11(q)～(s)为一些不明类型的膜状化石,它们很有可能是多细胞宏观藻类的碎片。此外,有一些个体比疑源类小(8～15 μm)的菌孢体化石,可以观察到原生质层,它们具有坚密的细胞壁并且形态简单[图 4-11(j)、(k)]。

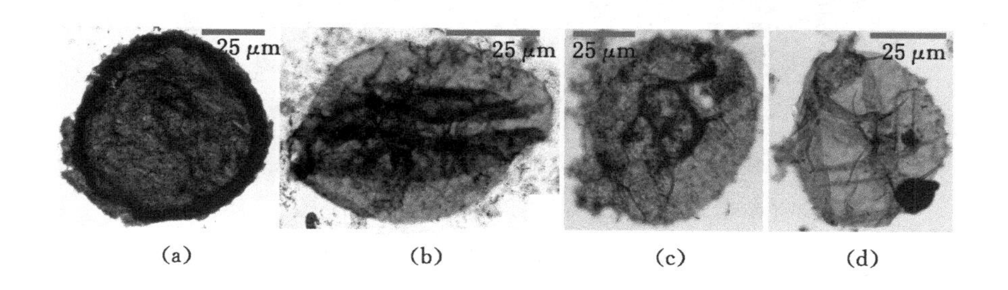

(a)　　(b)　　(c)　　(d)

(a) 岩家河组第 Y1 层(Pseudozonosphaera densa,Y-YJH-2-1);

(b) 岩家河组第 Y1 层(Pololeptus biacris,Y-YJH-2-3);

(c) 水井沱组第 S2 层(Pterospermella solida,L-SJT-2-3);

(d) 岩家河组第 Y1 层(Leiosphaeridia atava,Y-YJH-2-3)。

图 4-11　罗家村剖面岩家河组和水井沱组有机质壁微体化石(二)

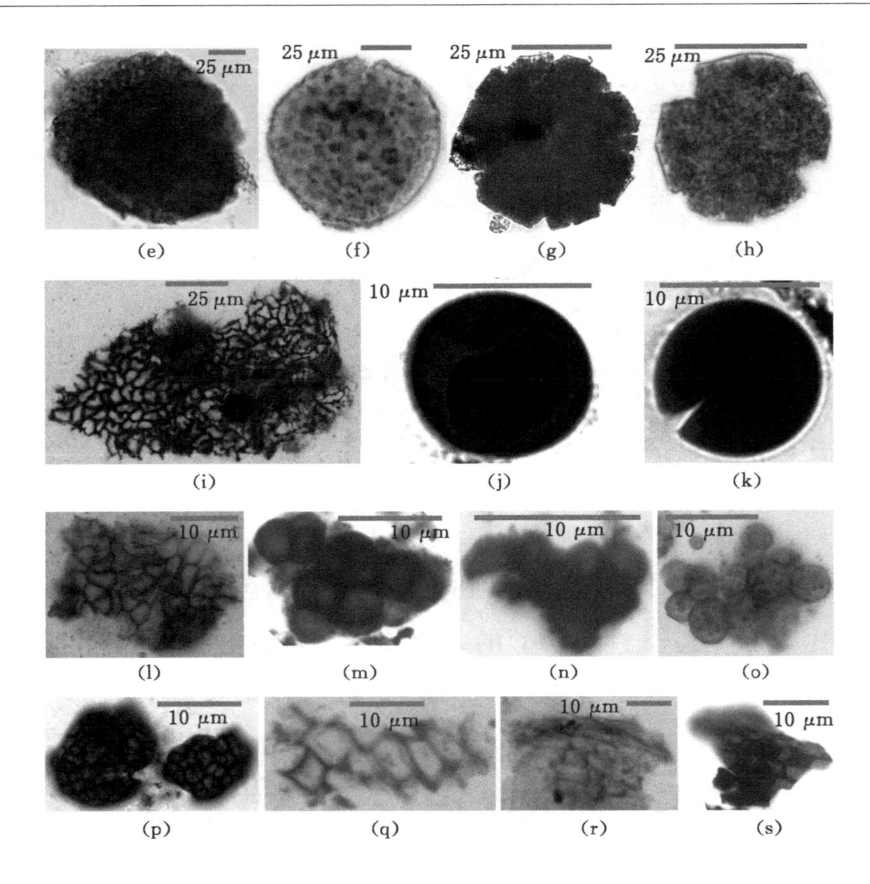

(e) 岩家河组第 Y1 层(Asperatopsophosphaera umishanensis，Y-YJH-2-5)；

(f) 水井沱组第 S2 层(Meghystrichosphaeridium densum，L-SJT-2-7)；

(g)、(h) 水井沱组第 S2 层(Leiosphaeridia ternata，L-SJT-2-9)；

(i)、(l) 水井沱组第 S4 层群体萨特卡藻(Satka colonialica，L-SJT-4-2)；

(j)、(k) 水井沱组第 S2 层和 S4 层菌孢体(L-SJT-2-15，L-SJT-4-1)；

(m) 水井沱组第 S2 层(Microconcentrica cymata，L-SJT-2-12)；

(n) 水井沱组第 S4 层(Palaeoaphanothece spissa，L-SJT-4-14)；

(o) 水井沱组第 S4 层(Leiominuscula incrassate，L-SJT-4-6)；

(p) 岩家河组第 Y2 层(Arctacellularia ellipsoidea，L-SJT-2-15)；

(q)～(s) 岩家河组第 Y1 层不明类型的具网状结构的膜状化石(Y-YJH-2-18)。

图 4-11(续)

3. 滚石坳剖面和罗家村剖面切片下有机质壁化石

在生物显微镜下对滚石坳剖面岩家河组硅质岩及罗家村剖面岩家河组和水井沱组硅质岩的切片进行了透射光观察，发现了大量的有机质壁化石。在距滚石坳剖面岩家河组 Y1 层底部 28.7～30.0 m 处硅质岩中含有层状化石[图 4-12(a)、(b)]和网状化石[图 4-12(c)]。这些化石照片能够清晰展示内部的层状结构基本上是均匀排列的。图 4-12(a)为整体呈不规则圈层或环状的有机质壁化石，可见复杂褶皱和内部粒状结构。图 4-12(b)展示的是具有层状薄膜状结构的化石，表面有粒状结构，它们部分相连并且紧密交叉。图 4-12(c)为具有网状结构的化石，细胞结构清晰，排列紧密，单个细胞直径约 5 μm，形状不规则。图 4-12(d)～(f)中的化石呈近椭圆形，单层外壁薄且均匀。图 4-12(d)中的化石细胞壁约为 5 μm，而图 4-12(f)中的化石细胞壁约为 2 μm。图 4-12(e)的化石没有清晰的外壁形态，内腔内可见致密的片状或网状结构。图 4-12(f)中化石内部结构排列更为紧密。图 4-12(g)、(h)中的球形疑源类化石细胞壁厚度较为均匀，横截面周围的刺是沿轮廓均匀分布的，刺长大约 10 μm，化石内部被石英矿化。

图 4-12(i)为从滚石坳剖面 Y1 层找到的长大线体(Megathrix longus)，照片上为单枝的弯曲管状化石的纵切面，其鉴定特征较为明显，即箭头所示的皱起。可见内部断续交错的隔壁，隔壁平均间距为 8 μm；管的直径变化范围为 13～25 μm，所观察到的管长度为 120 μm，端管的末端向两端延伸。长大线体在亲缘关系上被认为是蓝细菌的 Oscillatoriopsis 一类，因为两者总体形态、生长环境、管的生长痕迹是可以对比的[185,245]，因此滚石坳剖面孢粉有机质薄片中的蓝细菌[图 4-8(n)]可能与罗家村剖面切片中的长大线体有密切联系。至少，它们代表了生产力的组成不仅有真核生物。

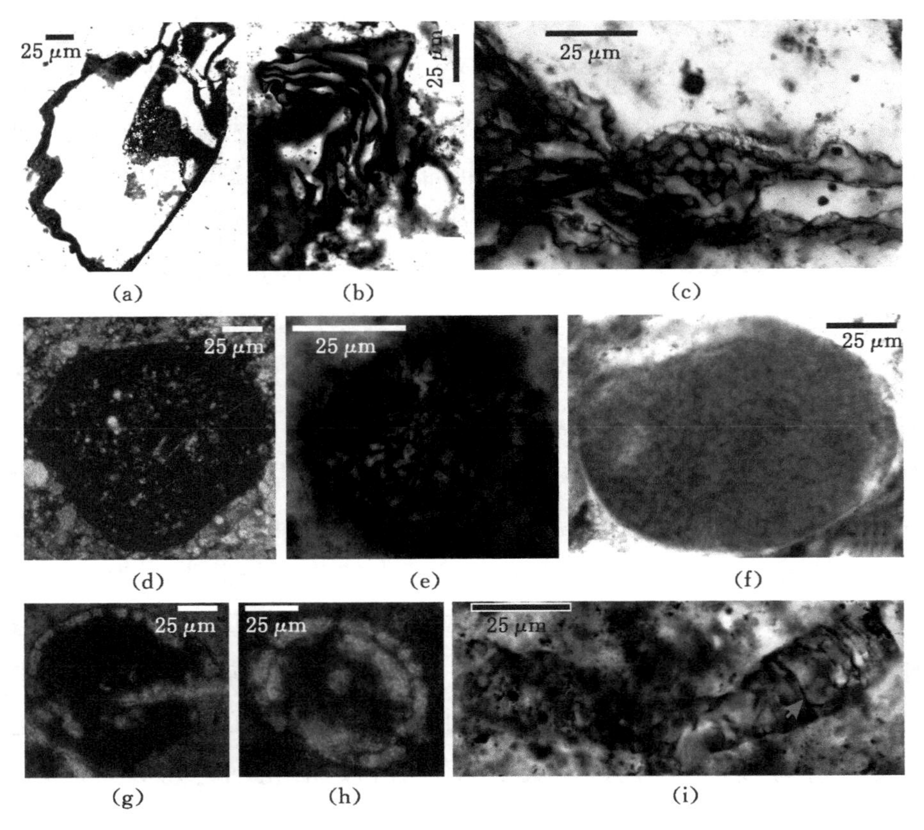

(a)、(b) 滚石坳剖面 Y1 层硅质岩中的层状化石(Y-YJH-2-10);
(c) 滚石坳剖面 Y2 层硅质岩中的网状化石,可见细胞排列结构(Y-YJH-2-13);
(d)~(f) 罗家村 Y2 层硅质岩中的疑源类,可见内部网状结构(Y-YJH-2-15);
(g)、(h) 罗家村剖面 S2 层硅质岩中的疑源类,可见周围凸起(L-SJT-2-9);
(i) 滚石坳剖面 Y2 层硅质岩中的长大线体(L-SJT-2-9)。

图 4-12　滚石坳和罗家村剖面硅质岩切片中的有机质壁化石

4. 滚石坳剖面和罗家村剖面海绵骨针和小壳化石有机质内衬

此次研究在滚石坳剖面和罗家村剖面岩家河组和水井沱组中获得了海绵骨针和小壳化石的有机质内衬。化石呈完整、平整的有机质膜,是耐降解的有机质壁的残留。图 4-13(a)、(b)中海绵骨针的直径为 6～10 μm，针之间呈 90°，表明 3 个正交轴的原始 90°三位形态。它们分别可以和 Allonia sp. 以及 Archiasterella sp. 作对比。大多数标本为共面的光滑四射海绵[图 4-13(a)、(b)、(f)]。图 4-13(e)中的标本可能为六射海绵，但由于保存不完整，不能完全确定。图 4-13(c)和(d)展示的是毛颚类动物爪刺尖端的有机质内衬，它们在形状上相似，都是近乎对称的锐角，图 4-13(c)标本的尖端比图 4-13(d)标本的尖端有更强的弯曲。图 4-13(g)和(h)中为小壳化石有机质内衬，形态上可与 Bemella sp. 对比。

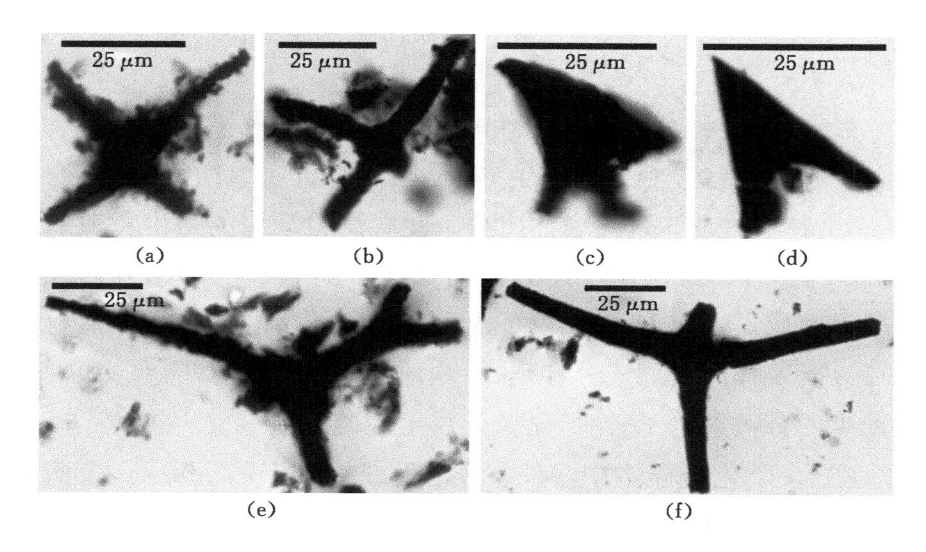

(a) 滚石坳剖面 Y2 层中 Allonia sp. 的有机质内衬(Y-YJH-2-18)；
(b) 滚石坳剖面 Y1 层中 Archiasterlla sp. 的有机质内衬(Y-YJH-2-5)；
(c)、(d) 滚石坳剖面 Y2 层中毛颚类动物爪刺尖端的有机质内衬(Y-YJH-2-19)；
(e) 罗家村剖面 S4 层中六射海绵骨针有机质内衬(L-SJT-4-6)；
(f) 罗家村剖面 S4 层中 Chancelloria sp. 有机质内衬(L-SJT-4-7)。

图 4-13　滚石坳和罗家村剖面的海绵骨针和小壳化石有机质内衬

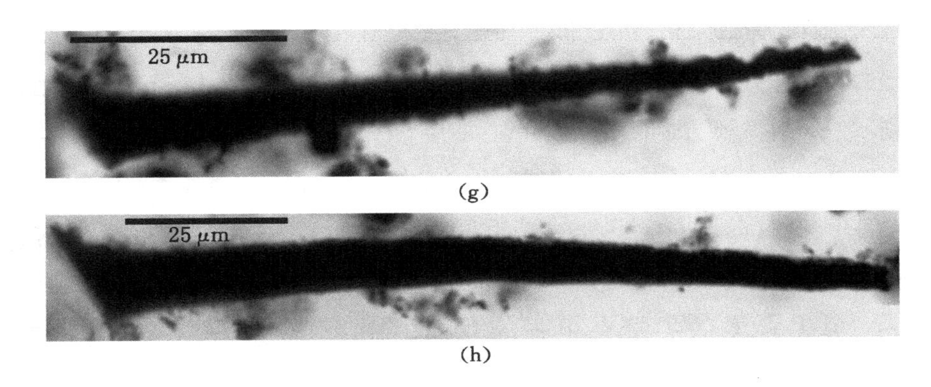

(g)

(h)

(g)、(h) 罗家村剖面 Y2 层中的不明类型小壳化石有机质内衬(Y-YJH-2-20)。

图 4-13(续)

5. 滚石坳剖面和罗家村剖面原位有机质壁微体化石

在扫描电镜下一共找到了 65 个原位有机质壁微体化石颗粒，图 4-14 展示的是 5 张代表性照片。此次试验运用的是由背散射电子(BSE)信号形成的原子序数衬度像和二次电子(SE)信号形成的形貌衬度像。二次电子成像主要反映的是样品的形貌。背散射电子可以反映样品表面成分特征，平均原子序数较低(C 含量高)的位置产生的背散射电子较少，是荧光屏上较暗的区域。

在 65 个化石样本中，43 个为球形或椭球形的疑源类，表面有或简单或复杂的纹饰。图 4-14(a)～(e)展示的是平均直径为 28 μm 的疑源类，其中图 4-14(a)为直径约 30 μm 的单个疑源类球体，表面具鱼鳞状纹饰；图 4-14(b)中的化石为两个相连的球体，直径分别为 45 μm 和 30 μm 左右；图 4-14(d)和(e)展示的也是两个相连球体的叠合视面，上部的小球体和下部的大球体直径分别为 20 μm 和 30 μm 左右，在二次电子和背散射模式下观察到的表面都较为光滑，有简单的网状纹饰。图 4-14(f)为卷曲形态的细菌，其长轴和短轴分别为 50 μm 和 20 μm，表面光滑，在二次电子成像模式下颜色较浅。

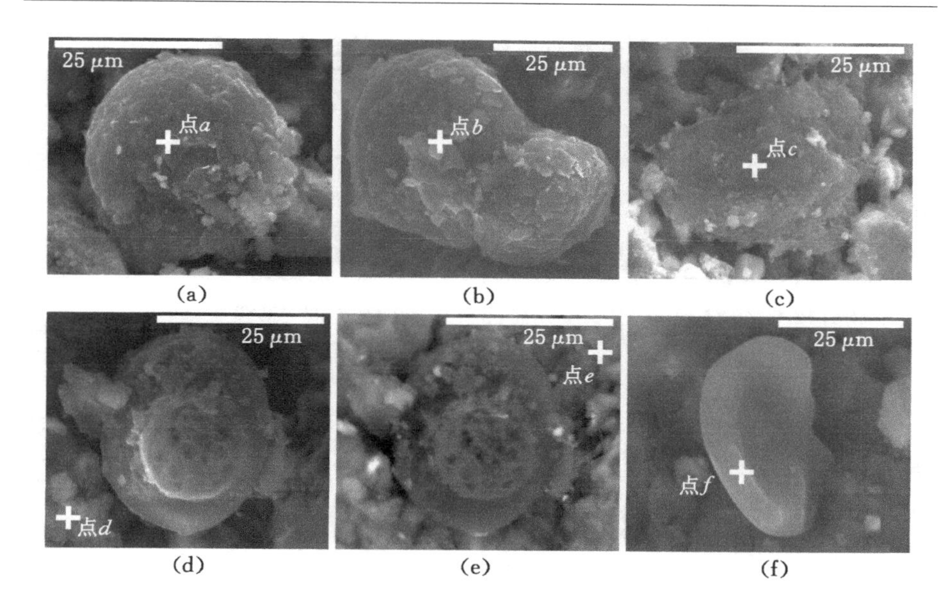

(a)、(b)、(d) 罗家村剖面 Y2、S2 和 S4 层疑源类二次电子成像照片
(L-YJH-2-5，L-SJT-2-4，L-SJT-4-6)；
(c) 滚石坳剖面 Y2 层疑源类或藻类碎屑的二次电子成像照片，可见清晰纹饰；
(e) 图(d)的背散射模式图像；
(f) 罗家村剖面 S4 层细菌的二次电子成像照片(L-SJT-4-13)；
"+"：能谱点位置；能谱点数据见表 4-1。

图 4-14　滚石坳剖面和罗家村剖面扫描电镜下原位有机质壁微体化石照片和能谱点位置

表 4-1 展示了图 4-14 中各化石的能谱点的值。图 4-14(a)、(c)和(f)的能谱数据表明，这些生物形态的原位化石成分以有机化合物为主。①号虚线框显示，在自动扣除了喷碳形成的碳膜成分和可能包含在二氧化硅和碳酸钙中的 C 和 O 之外，能谱点仍有较高的 C 和 O 含量。②号虚线框中为组成黏土矿物的元素。图 4-14(d)和(e)的能谱数据表明，化石周围的基质以石英(二氧化硅)和黏土矿物(③号虚线框)为特征。

表 4-1　原位有机质壁微体化石的能谱点数据

EDS点		元素											
		C	O	Mg	Al	Si	P	S	Cl	K	Ca	Fe	N
点*a*	Wt%	65.65	26.94	0.11	1.07	2.75	0.18	0.25		0.80	0.76	0.80	
	At%	74.12	22.82	0.06	1.33	1.33	0.08	0.11		0.51	0.26	0.19	
点*c*	Wt%	60.68	20.85	1.49	3.18	7.28		0.82		2.18	0.80		
	At%	72.75	18.77	0.88	1.70	3.73		0.37	0.22	0.80	0.60		
点*d*	Wt%	26.78	28.49	2.19	11.78	18.25		1.46		6.14	2.86	2.05	
	At%	40.55	32.39	1.64	7.97	11.82		0.83		2.86	1.30	0.67	
点*e*	Wt%	22.55	26.10	1.27	17.00	20.20		0.47		8.85	0.22	1.70	1.62
	At%	36.11	31.38	1.00	12.11	13.84		0.28		4.36	0.11	0.59	0.23
点*f*	Wt%	61.40	20.77	0.36	1.73	4.42	0.27				1.16	0.99	8.67
	At%	69.71	17.69	0.20	0.88	2.15	0.12				0.41	0.27	8.45

注：Wt%为元素质量百分比，At%为元素原子百分比。

6. 罗家村剖面微体粪便化石

在罗家村剖面孢粉有机质实验结果中也获得了粪状结构化石，这些化石呈弯曲的链状结构，宽度为 8～25 μm，两端延伸[图 4-15(a)、(b)]。图 4-15(c)中的化石包裹有密集的直径小于 10 μm 的单球体疑源类，化石颜色呈暗黄色至深棕色，表面不光滑，含有黑色微粒。

在 3.4 节中介绍化石酸处理法的残渣中挑样得到了大量微体粪便颗粒化石。图 4-15(d)～(i)展示了不同形态的粪便颗粒，它们均具有消化道挤压的结构。这些化石形态不一，长度或直径从 0.12～1 mm 不等。它们有不同的总体形状、收缩痕迹、条纹、表面印记和纹理。有多个明显终端的多极型化石最大的特点是其反映的动物消化道或肠道收缩痕迹[图 4-15(d)、(e)]，图 4-15(f)、(i)中的消化道痕迹明显。所有化石上均有点蚀和槽状凹陷。

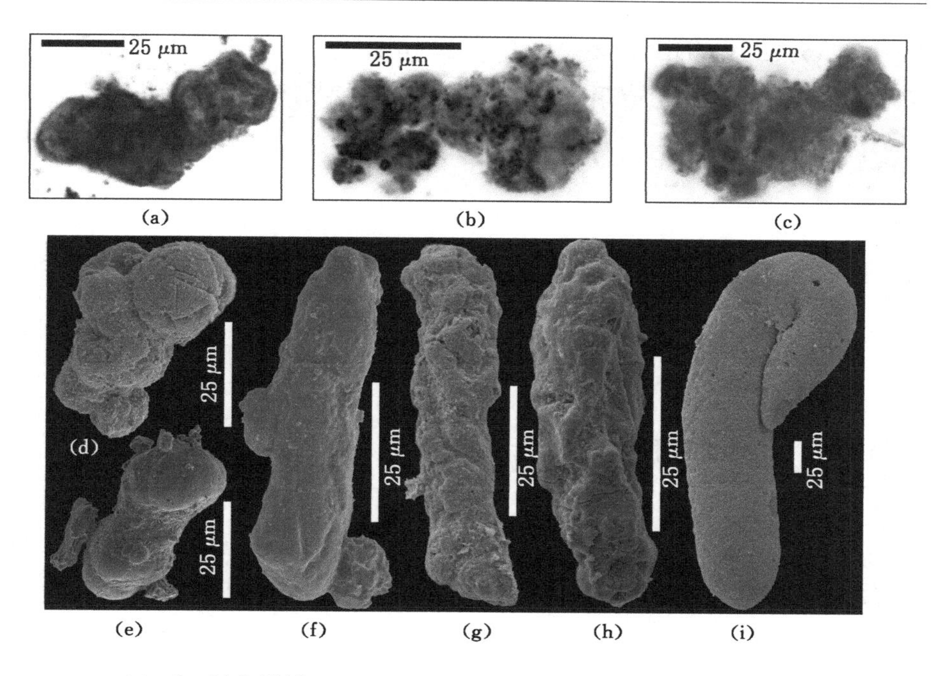

(a)、(b) 罗家村剖面 S2 和 S4 层中粪球链(L-SJT-2-4,L-SJT-4-12);
(c) 罗家村剖面 S2 层中含有单球体疑源类的粪化石(L-SJT-2-16);
(d)、(e) 罗家村剖面 S2 和 S4 层中多极粪化石,有挤压印痕(L-SJT-2-5,L-SJT-4-4);
(f)～(h) 罗家村剖面 S2 和 S4 层中亚圆柱粪化石,
表面可见颗粒(L-SJT-2-3,L-SJT-4-16);
(i) 罗家村剖面 S2 层中卷曲粪化石(L-SJT-2-7)。

图 4-15　罗家村剖面水井沱组微体粪化石

图 4-15(e)～(h)中的粪便化石表面都有纵向的起伏和约 10 μm 长、2 μm 宽的方向随机的浅槽。图 4-15(d)、(e)中的化石由几个球形端构成,球形之间向下凹陷,每个球形直径约为 20 μm。图 4-15(e)中的化石呈哑铃状,其表面相比图 4-15(d)中的化石更为光滑,表面镶嵌了一些颗粒。图 4-15(f)～(h)中的化石呈长条,类似棒状,或呈亚圆柱体、类圆锥体,长度约为 60 μm,宽度约为 20 μm。其宽度约为长度的 1/3。图 4-15(i)中的化石显示独特的

螺旋状,并且末端逐渐变尖。在本实验中,它是个体最大的化石,长度和宽度约为 450 μm 和 60 μm。表面是平坦的,没有坑洼的整体起伏,但是表面多孔。

4.3 研究区微体古生物化石分布特征

4.3.1 南江沙滩剖面

为了进一步了解南江沙滩剖面筇竹寺组有机质壁微体化石的分布情况,将镜下观察到的孢型进行了统计投图,具刺疑源类为乳凸腔突藻(Rhopaliophora mamilliformis)、具刺突球藻(Peteinosphaeridium sp.)、渐趋薄壁藻(Tenuirica gradate)三类藻的总和;"其他"代表数量很少的瘤面球藻、多孔球藻、橄榄藻、别格球藻、粒面球藻的总和。化石的绝对含量参照石松孢子数量计算,百分含量为各阶段各类化石之间的含量百分比(图 4-16)。

如图 4-16 所示,沙滩剖面有机质壁微体化石面貌发生了变化,第 1、2 层和第 3 层下部化石含量相对较高,第 3 层中部和上部化石含量降低,第 4 层和第 5 层化石含量上升。从百分比上看,第 1 层和第 2 层光面球藻含量占到该层所有化石的 36.39%;其余为粗面球藻、团藻、黏球藻、具刺疑源类以及其他类型。而第 3 层中上部化石含量相对较低,第 3 层以光面球藻和具刺疑源类为主,占到该层所有化石的 66.76%;黏球藻、团藻和粗面球藻以及其他类型数量较少。第 4 层不仅化石含量最高,而且种类繁多("其他"类增加),其中团藻含量最高,占到该层所有化石的 35.22%;其他类占到 34.1%;有一定数量的具刺疑源类。第 5 层,化石含量也相对较高,其中光

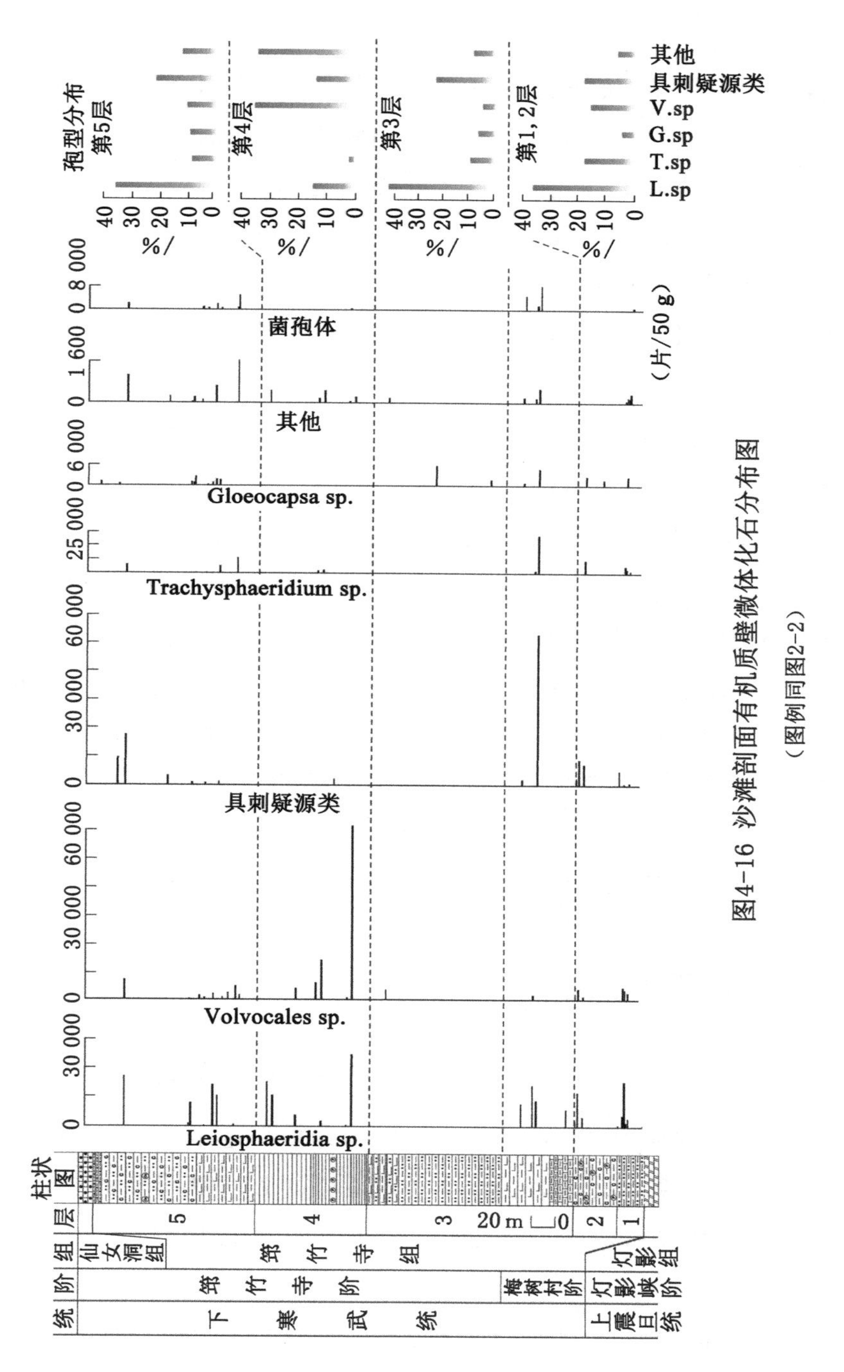

图4-16　沙滩剖面有机质壁微体化石分布图

（图例同图2-2）

面球藻数量占主导，占到该层所有化石的35.86%；其次是具刺疑源类，占21.73%；其他类均有出现，且数量相差不大，团藻含量降低。因此，在第1、2、3、5层，光面球藻和具刺疑源类占主要地位，而第4层，团藻数量上占主导，并且种类最为丰富。

总的来说，沙滩剖面最主要的微体浮游藻类为光面球藻、具刺疑源类和团藻，其他化石在各层亦有所分布，但是数量不多。此外，在沙滩剖面筇竹寺组还获得了宏观藻类碎片、动物碎片和不明类型的生物膜状碎片，然而数量十分稀少，因此无法进行统计。如图4-17所示，沙滩剖面的微体化石分布可分为4个阶段，各阶段生物组合各具特色。第Ⅰ阶段为筇竹寺组第1至2层，该阶段发现了一定量的疑源类和其他各类型的孢型化石，以光面球藻数量最多，该阶段也是沙滩剖面唯一出现小壳化石有机质内衬的阶段，有一定量的宏观藻类碎片。第Ⅱ阶段为筇竹寺组第3层，该阶段化石种类较为单一，只有以光面球藻为主的孢型化石，并未获得其他类型的化石。第Ⅲ阶段为筇竹寺组第4层，该阶段的特征是宏观藻类碎片较多，并且孢型化石种类最为丰富，其他类型相对来说大大增加，但数量上以团藻为主。第Ⅳ阶段为筇竹寺组第5层，该阶段特征为动物碎片的出现，另外也有大量的孢型化石和宏观藻类碎片。

4.3.2 滚石坳剖面和罗家村剖面

如4.2.2节所述，滚石坳剖面岩家河组有机质壁化石丰富且保存较好，有各种疑源类、菌孢体、蓝细菌；SCFs包括宏观藻类碎片、海绵骨针和小壳化石的有机质内衬，以及疑似动物碎片的层状和网状化石(图4-17)，罗家村剖面岩家河组的化石相对较少，但疑源类、宏观藻类碎片，小壳化石和海绵骨针有机质内衬均有出现，与滚石坳剖面可以对比。然而罗家村剖面有机质壁化石总体保存情况

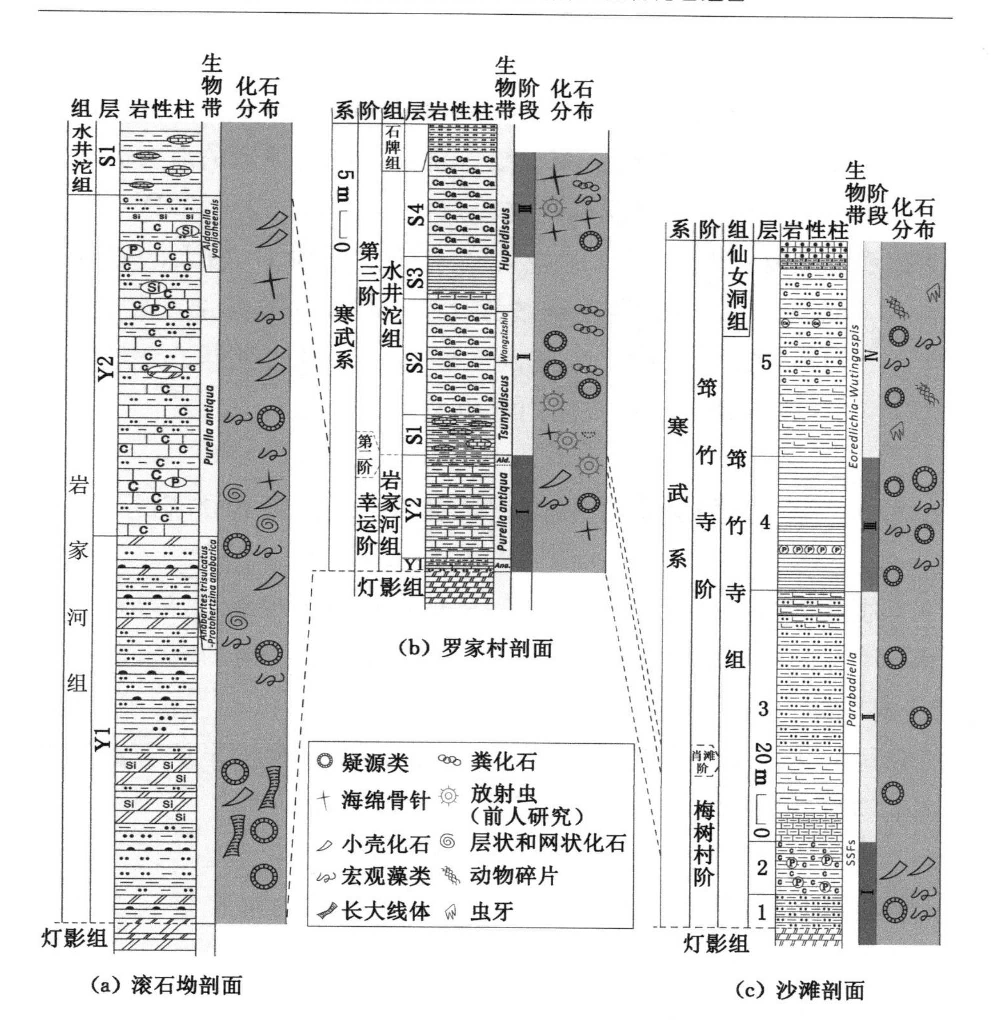

图 4-17　研究区微体化石分布特征

(放射虫分布引自文献[265-266],图例同图 2-2)

不如滚石坳剖面,大部分孢型为碳化强烈且难以鉴定的球形疑源类。黏球藻为可鉴定的微体浮游藻类中最主要的类型,宏观藻类碎片数量少,分布规律不明显。总的来说,罗家村剖面微体古生物化石分布可分为 3 个阶段,如图 4-17 所示,第Ⅰ阶段为岩家河组 Y1 层至 Y2 层,该阶段微体古生物化石组合特征为疑源类种类和数量都较为丰富，此外，还有大量海绵骨针和小壳化石的有机质内衬，并未发现粪状结构化石。第Ⅱ阶段为水井沱组S1层至S3层，该阶段有大量疑源类，并且出现了粪状结构化石。前人报道的双瓣壳节肢动物和古盘虫的大量出现也在这一层位[145,240]，这表明了这一阶段生态系统的复杂化。第Ⅲ阶段处在水井沱组顶部，前人的研究显示，该阶段后生动物分异度继续增大，出现了各类海绵动物、腕足类[233]以及节肢动物等[232]。此次实验也在该层位获得了大量疑源类、小壳和海绵骨针的有机质内衬以及微体粪化石。

4.3.3　研究区微体古生物化石对有机质来源的启示

通过孢粉有机质实验，切片和原位扫描电镜观察，从沙滩剖面、滚石坳剖面和罗家村剖面获得了大量的寒武纪早期的有机质壁化石，对微体古生物分布特征、沉积有机质来源和保存提供了参考。所获得的化石记录在前人研究基础上进一步揭示了早期寒武纪微体生物组合的性质，和它们对沉积有机质的不同贡献[143,153]。在新元古代末期，早期的真核生物，即疑源类和微体藻类是当时海洋的主要生产者。事实上，在600 Ma左右，藻类很可能已经成为最主要的初级生产者[267]。在寒武纪生命大爆发期间，真核生物组成了海洋营养链的最基本组分[154]。而本书和以往的研究中[185,268]在寒武系底部发现的大量长大线体表明，该时期的初级生产者还包含原核生物。从形态学特征（管的生长纹）和其生活环境来判断，长大线体应该属于蓝细菌类，可以与Oscillatoriopsis对比[185,245]。

实验也获得了真菌化石的证据——菌孢体，真菌自埃迪卡拉纪就出现了，由于真菌代谢方式的多样性[192,269]，它们在寒武纪早期有机质保存过程中起到的作用变得难以确定。它们很可能能够分解水柱或动物粪便中死亡的有机物质残体，从而促进有机质的循环[11]。

海绵骨针和小壳化石的有机质内衬，以及动物碎片指示了 3 个剖面中动物的分布特征，虽然通过孢粉有机质实验和切片手段获得的动物化石不能代表全部动物的分布，但是代表了动物化石有机质壁的一种特殊的保存方式，对研究有机质的保存有很重要的参考价值。动物是异养型生物，因此，它们以初级生产者（包括真核生物和细菌）为食[143,153]。此外，从罗家村剖面水井沱组上部，即寒武纪第三阶的沉积中，找到的微体粪便化石既出现于孢粉有机质薄片中，又出现于酸处理实验的岩石残渣中，这无疑证明了食草型后生动物的存在，也清楚地反映了具有肠道或消化道系统的动物的排便[270-273]。此次实验中的粪状化石出现的层位和前人报道的最早的微体浮游动物以及悬浮摄食的后生动物大致一致，都处于寒武纪第三期[112,274-275]。显然，此时期动物已经成为海洋生态系统的重要组成部分。有研究认为生态系统复杂性的逐渐加深与大陆架和斜坡环境的逐步氧化有关[193]。

生态层级在很大程度上决定了透光带向海洋内部输送有机质并最终进入沉积物的效率。在新元古代，生态系统主要被蓝细菌占据，由于它们的细胞相对较小，透光带产生的有机质很难到达海洋深部[244]。700～600 Ma 前，藻类和动物的进化与繁盛取代了蓝细菌在海洋中的地位，成为主要初级生产者[76]，有机质向沉积物的输送效率和输送量大大提升[244]。总的来说，此次研究结果表明，在寒武纪早期，微体生物群落已经相当发达，并且疑源类、藻类、蓝细菌、真菌和微体动物之间可能存在复杂的相互作用。对于有机质来说，动物粪便的存在至少暗示了寒武纪早期有机质从透光带输出的效率应当高于元古代[76]。微体生物组合与有机质保存的关系将在 7.3 节具体论述。

第5章　无定型有机质和结构有机质

5.1　沙滩剖面孢粉有机质地层分布和含量统计

根据李建国和Batten等提出的孢粉有机质划分方案[156,169]，在生物显微镜透射光下能够观察到沙滩剖面筇竹寺组有机质成分以无定型有机质(AOM)为主，AOM是一些不显示生物结构、没有稳定的轮廓和结构的(偶有细胞结构痕迹)呈聚合态的黑色或棕色块状或絮凝状的有机质(图5-1)；其次是结构有机质(SOM)，主要为黑色或黑褐色具有结构的边缘清晰的有机质碎屑[图4-3(k)、(l)]。在镜下也分辨出了保存良好的孢型和其他类型的有机质壁化石(4.2.1节)。

沙滩剖面有两种典型的无定型有机质。图5-1(a)和(b)上部的不透明AOM是一些聚合态的黑色无结构碎片，是由微体浮游植物或宏观藻类降解形成的。图5-1(b)中的半透明的絮状AOM可能来源于细菌，图5-1(c)中的半透明胶状AOM可能来源于蓝细菌的生物席[156,169]。图5-1(d)中不透明和透明的混合型AOM在沙滩剖面大量存在。

孢粉有机质处理过程中，样品在HCl中的分散性良好，分解较为完全；有若干样品在HF中反应剧烈，并在清洗过程中出现悬浮，为清洗干净，损失了一部分样品，此状况不影响统计。镜下观察统计表明，沙滩剖面有机质以无定型有机质AOM为主，孢粉有机质分布情

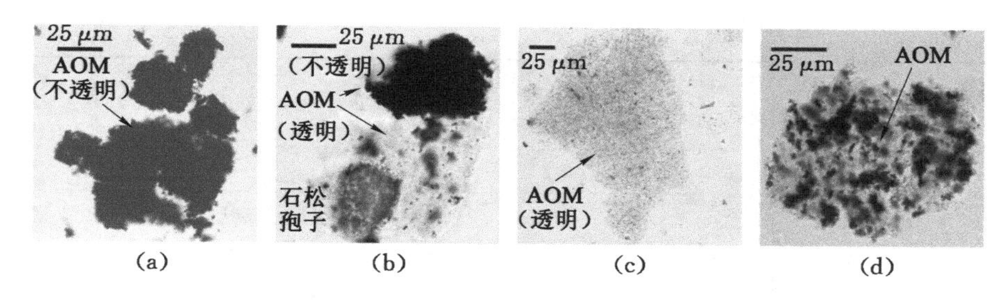

(a) 筇竹寺组第 1 层不透明 AOM(NS-10)；

(b) 筇竹寺组第 5 层不透明 AOM 和透明 AOM 以及石松孢子；

(c) 筇竹寺组第 1 层胶状 AOM，疑为蓝细菌胶状席(NS-005)；

(d) 筇竹寺组第 1 层 AOM(NS-008)。

图 5-1　沙滩剖面筇竹寺组 AOM

况可以概括为：NS-03 至 NS-22 号样品以纹层状粉砂质泥岩和黑色碳质泥岩为主，发育孢型和宏观藻类碎片，AOM 呈黑色和棕褐色海绵状，有一定量的 SOM。NS-24 至 NS-32 号样品以纹层状黑灰色泥灰岩为主，AOM 和 SOM 较多，有一定量的孢型和宏观藻类碎片。NS-34 至 NS-73 号样品以钙质粉砂岩和黑色页岩为主，AOM 含量较低，为棕色海绵状或与黏土矿物共生的颗粒，部分层位只有宏观藻类碎片和孢型。NS-75 至 NS-127 号样品以黑色页岩和纹层状粉砂质碳质泥岩为主，AOM 含量较高，呈黑色或棕色海绵状或微粒状，有一定量的 SOM，宏观藻类碎片和孢型含量也较高。

有机质的地层分布和含量统计见表 5-1。

表 5-1　沙滩剖面孢粉有机质的地层分布和含量统计

厚度/m	样品号	AOM /(μm^2/50 g)	SOM /(片/50 g)	孢型 /(片/50 g)	样品整体情况
487.9	NS-127	260 497	2 490	1 176	薄层碳质粉砂质泥岩，有大量 SOM，少量棕色海绵状 AOM 和少量宏观藻类碎屑和孢型

表5-1(续)

厚度/m	样品号	AOM /(μm^2/50 g)	SOM /(片/50 g)	孢型 /(片/50 g)	样品整体情况
474.0	NS-126	0	0	0	无
471.3	NS-125	134 378	1 992	3 605	中～薄层碳质粉砂质泥岩,少量棕色海绵状 AOM 和少量宏观藻类碎屑和孢型
464.5	NS-124	331 895	6 972	13	碳质粉砂质泥岩,有大量黑色海绵状 AOM 和少量 SOM、宏观藻类碎屑和孢型
459.8	NS-123	0	0	0	无
455.8	NS-122	36 688	2 988	3 071	含钙质结核的碳质粉砂质泥岩,有大量黑色海绵状 AOM 和少量 SOM、宏观藻类碎屑和孢型
450.8	NS-121-1	0	0	0	无
426.7	NS-121	484 542	1 494	1 024	纹层显著的粉砂质碳质泥岩,有大量黑色海绵状 AOM 和少量 SOM、宏观藻类碎屑和孢型
408.4	NS-101-1	0	0	0	无
406.7	NS-109	59 420	6 474	709	纹层显著的粉砂质碳质泥岩,有大量黑色海绵状 AOM 和少量 SOM、宏观藻类碎屑和孢型
405.1	NS-108	209 553	498	921	纹层显著的粉砂质碳质泥岩,有大量黑色海绵状 AOM 和少量 SOM、宏观藻类碎屑和孢型
403.6	NS-107	133 686	5 976	2 512	纹层显著的粉砂质碳质泥岩,有大量黑色海绵状 AOM 和少量 SOM、宏观藻类碎屑和孢型
400.6	NS-105	315 683	3 486	461	纹层显著的粉砂质碳质泥岩,有大量黑色海绵状 AOM 和 SOM 和少量宏观藻类碎屑和孢型
399.0	NS-104	0	0	0	无

表5-1(续)

厚度/m	样品号	AOM /(μm^2/50 g)	SOM /(片/50 g)	孢型 /(片/50 g)	样品整体情况
397.6	NS-103	599 046	6 474	1 382	中～薄层含粉砂质泥岩,有大量黑色海绵状 AOM 和 SOM 及少量宏观藻类碎屑及孢型
394.5	NS-101	0	3 486	0	中～薄层含粉砂质泥岩,有极少量和黏土矿物共生的 AOM,无法统计含量,含一定量宏观藻类碎片
393.0	NS-100	132 871	1 494	25	纹层显著的粉砂质碳质泥岩,有大量黑色海绵状 AOM 和 SOM 及少量宏观藻类碎屑和孢型
389.9	NS-098	0	0	0	无
388.5	NS-097	59 821	1 494	13 819	含粉砂质碳质泥岩,有大量黑色海绵状 AOM 和 SOM 及少量宏观藻类碎屑和孢型
386.6	NS-096	150 281	0	0	含粉砂质碳质泥岩,有大量棕色微粒状 AOM 和少量 SOM
385.2	NS-095	703 094	1 992	3 685	含粉砂质碳质泥岩,有大量棕色微粒状 AOM 和 SOM 及少量宏观藻类碎屑和孢型
381.0	NS-093	126 126	1 992	3 251	含粉砂质碳质泥岩,有大量黑色海绵状 AOM 和 SOM 及少量宏观藻类碎屑和孢型
376.8	NS-091	113 674	0	0	中层钙质泥岩,有大量棕色海绵状 AOM 和 SOM
373.4	NS-089	0	498	0	中层钙质泥岩,有大量棕色微粒状 AOM 和 SOM,含少量宏观藻类碎片

表5-1(续)

厚度/m	样品号	AOM /(μm^2/50 g)	SOM /(片/50 g)	孢型 /(片/50 g)	样品整体情况
371.9	NS-087	283 261	996	0	中—薄层钙质泥岩,有大量棕色微粒状 AOM 和 SOM,含少量宏观藻类碎片
368.9	NS-085	54 668	498	0	含钙质泥岩,有大量棕色微粒状 AOM 和 SOM,含少量宏观藻类碎片
366.3	NS-083	17 926	5 478	6 378	中—厚层含钙质黑色泥岩,有棕色海绵状 AOM 和大量 SOM,有少量宏观藻类碎屑和孢型
365.3	NS-111	115 891	1 992	13 819	纹层状粉砂质钙质泥岩,SOM 含量较高,有一定量的微粒状 AOM,含少量宏观藻类碎屑和孢型
364.5	NS-069	0	0	0	无
361.8	NS-067	976 466	0	0	含钙质黑色泥岩,有大量黑色海绵状 AOM 和 SOM
345.7	NS-065	0	0	0	无
343.5	NS-063	96 741	0	5 374	黑色页岩,有大量黑色海绵状 AOM 和 SOM 及少量孢型
336.3	NS-061	1 651 829	3 486	3 948	黑色页岩,有大量黑色海绵状 AOM 和 SOM,少量宏观藻类碎片和孢型
331.4	NS-059	1 785 794	3 486	8 291	黑色页岩,AOM 为棕色细碎状,有 SOM 及少量宏观藻类碎片和孢型
322.0	NS-057	0	0	0	无
310.9	NS-055	6 923 759	4 482	23 689	黑色页岩,AOM 为棕色细碎状,有 SOM 及少量宏观藻类碎片和孢型

表5-1(续)

厚度/m	样品号	AOM /(μm²/50 g)	SOM /(片/50 g)	孢型 /(片/50 g)	样品整体情况
293.0	NS-081	1 145 964	2 490	5 818	黑色页岩,AOM 为棕色细碎状,有 SOM 及少量宏观藻类碎片和孢型
287.9	NS-079	509 784	5 478	21 715	黑色页岩,AOM 为棕色细碎状,有 SOM 及少量宏观藻类碎片和孢型
282.8	NS-077	101 060	4 482	1 535	黑色页岩,AOM 为棕色细碎状,有 SOM 及少量宏观藻类碎片和孢型
279.5	NS-076	0	0	0	无
277.8	NS-075	1 917 775	5 478	5 922	黑色页岩,含大量黑色海绵状 AOM 和 SOM,含少量宏观藻类碎片和孢型
272.7	NS-073	0	5 478	0	黑色页岩,有极少量和黏土矿物共生的 AOM,无法统计含量,含一定量宏观藻类碎片
267.6	NS-072	0	10 045	0	黑色页岩,有极少量和黏土矿物共生的 AOM,无法统计含量,含一定量宏观藻类碎片
265.4	NS-071	188 472	5 478	1 974	黑色页岩,含少量棕色海绵状 AOM 及少量宏观藻类碎片和孢型
260.7	NS-044	62 006	0	1 974	黑色页岩,含少量棕色海绵状 AOM 和少量孢型
230.2	NS-042	4 033	0	3 251	黑色钙质粉砂岩,含少量棕色海绵状 AOM 和少量孢型
187.5	NS-040	0	0	22 110	黄褐色钙质粉砂岩,有极少量和黏土矿物共生的 AOM,无法统计含量,有机质全为孢型

表5-1(续)

厚度/m	样品号	AOM /(μm²/50 g)	SOM /(片/50 g)	孢型 /(片/50 g)	样品整体情况
139.2	NS-036	4 907	1 992	12 091	纹层状粉砂质页岩,含极少量的棕色微粒状 AOM 及少量宏观藻类碎片和孢型
123.4	NS-034	22 373	996	9 980	纹层状粉砂质页岩,以棕色海绵状 AOM 为主,有少量宏观藻类碎片和孢型
108.9	NS-032	19 180	1 992	9 807	纹层状黑色钙质,以棕色海绵状 AOM 为主,有少量宏观藻类碎片和孢型
98.3	NS-038	59 694	1 992	2 909	纹层状黑色钙质泥岩,有机质增多,为黑色 AOM 和边缘清晰的 SOM,有少量宏观藻类碎片和孢型
95.1	NS-030	839 793	10 045	1 695	纹层状黑色钙质泥岩,有机质增多,为黑色 AOM 和边缘清晰的 SOM,有一定量的宏观藻类碎片和少量孢型
85.1	NS-028	0	0	0	无
68.1	NS-026	395 945	2 490	12 283	纹层状薄层灰黑色泥灰岩,有机质减少,为细碎的棕色 AOM 和一定量的孢型
64.2	NS-024	72 441	0	10 364	灰黑色纹层状泥灰岩,有机质减少,为细碎的棕色 AOM 和一定量的孢型
60.1	NS-022	1 729 744	498	6 378	黑色碳质泥岩,有大量深黑色 AOM 和边缘清晰的 SOM,少量宏观藻类碎片和孢型

表5-1(续)

厚度/m	样品号	AOM /(μm^2/50 g)	SOM /(片/50 g)	孢型 /(片/50 g)	样品整体情况
57.8	NS-020	583 072	4 482	0	黑色碳质泥岩,有大量深黑色 AOM 和边缘清晰的 SOM,少量宏观藻类碎片,未见孢型
53.3	NS-018	168 783	3 984	3 455	黑色碳质泥岩,有大量深黑色 AOM 和边缘清晰的 SOM,少量宏观藻类碎片和孢型
37.5	NS-015	310 770	2 988	0	黑色碳质泥岩,有大量深黑色 AOM 和边缘清晰的 SOM,少量宏观藻类碎片,未见孢型
31.1	NS-012	0	0	0	无
23.7	NS-010	0	0	0	无
22.0	NS-009	1 759 784	5 478	3 214	黑色页岩,有大量深黑色 AOM,少量宏观藻类碎片和孢型
20.8	NS-008	0	0	0	无
17.7	NS-006	30 827	9 461	790	纹层状粉砂质泥岩有机质含量低,AOM 为深棕色海绵状,有少量宏观藻类碎片和孢型
16.2	NS-005	16 734	2 490	9 212	纹层状粉砂质泥岩,有机质含量低,AOM 为深棕色海绵状,有少量宏观藻类碎片和孢型
14.7	NS-004	8 303	1 992	1 455	纹层状粉砂质泥岩,有机质含量低,AOM 为深棕色海绵状,有少量宏观藻类碎片和孢型
13.1	NS-003	485 744	6 972	2 988	纹层状粉砂质泥岩,含大量深黑色 AOM,少量宏观藻类碎片和孢型

图 5-2 为沙滩剖面筇竹寺组孢粉有机质含量,可见各类有机质的含量与 TOC 都有一定的耦合性,并且剖面各个层位的 AOM 含

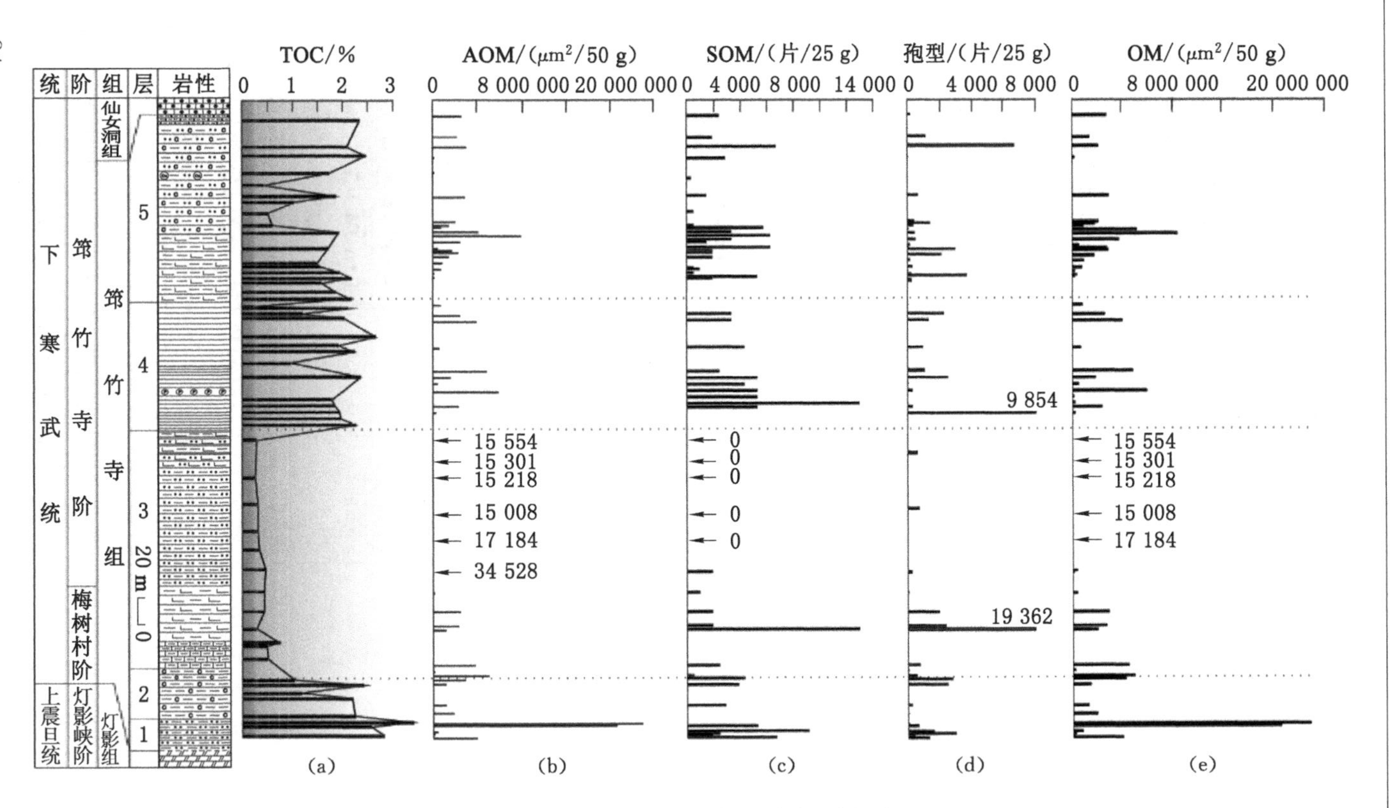

图5-2 沙滩剖面TOC和各类有机质的含量

（图例同图2-2）

量都占主导，粗略按照面积计算（SOM 和孢型直径按 36.7 μm 来算）得到 AOM 占全部有机质的 80%以上。第 1、2 层为纹层状粉砂质泥岩和含磷结合的黑色碳质泥岩，TOC 平均值为 2.47%[图 5-2(a)]，发育孢型和宏观藻类碎片，AOM 为一些黑色和棕褐色无结构镜质体，平均值为 $387\times10^4\ \mu m^2/50$ g，占全体有机质的 71.8%[图 5-2(b)]，黑色 SOM 平均值为 4 794.2 片/50 g。第 3 层为纹层状黑色钙质泥岩和黄褐色纹层状粉砂岩夹粉砂质钙质泥岩，TOC 平均值下降至 1.1%[图 5-2(a)]，AOM 含量降低，为一些棕色絮状无定型体，平均值为 $141\times10^4\ \mu m^2/50$ g，有少量黑色 SOM，平均值为 704.41 片/50 g[图 5-2(c)]，AOM 占全体有机质的 76.3%[图 5-2(b)]，第 3 层下部孢型和 SOM 含量相对上升，中上部含量降低[图 5-2(c)]。第 4 层为含磷结核的黑色页岩。第 5 层下部为纹层状钙质泥岩，上部为含钙质结核的碳质粉砂质泥岩，两层的 TOC 平均值为 1.74%[图 5-2(a)]，AOM 含量升高，为一些黑色无结构块状碎片和棕色海绵状无定型体，平均值为 $670\times10^4\ \mu m^2/50$ g，占全体有机质的 92.3%[图 5-2(b)]，SOM 和孢型含量也较高，平均值为 5 898 片/50 g[图 5-2(c)]。OM 为所有有机质的总和，其变化规律与 AOM 基本一致[图 5-2(e)]。

5.2　滚石坳剖面孢粉有机质地层分布和含量统计

滚石坳剖面岩家河组样品处理过程中在 HCl 中的分散性较好，分解较为完全；有若干样品在 HF 中反应剧烈，并在清洗过程中出现悬浮，为清洗干净，损失了一部分样品，此状况不影响统计。镜下观察统计表明，滚石坳剖面各类有机质含量都较低，AOM 以棕色或褐色絮状为特征（图 5-3），有一定量的 SOM。孢型相对含量较高，保存较好，具有明显鉴定特征。有机质的地层分布和含量统计见表 5-2。

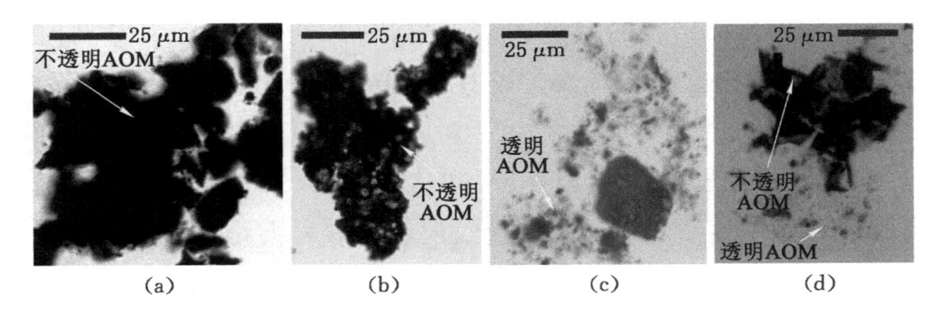

(a) 罗家村剖面水井沱组 S4 层不透明 AOM(L-SJT-4-1)；
(b) 罗家村剖面水井沱组 S1 层不透明 AOM(L-SJT-1-5)；
(c) 滚石坳剖面岩家河组 Y1 层透明 AOM(Y-YJH-2-5)；
(d) 滚石坳剖面岩家河组 Y2 层透明 AOM 和不透明 AOM(Y-YJH-15-1)。

图 5-3　滚石坳剖面和罗家村剖面 AOM

表 5-2　滚石坳剖面孢粉有机质的地层分布和含量统计

样品号	AOM/(片/25 g)	SOM/(片/25 g)	孢型/(片/25 g)	样品整体情况
Y. SJT-3	401	380 910	2 403	水井沱组底部为碳质泥岩，有极少量棕色微粒状 AOM，少量 SOM 和孢型
Y. SJT-1	6 726 155	3 337 168	618 378	水井沱组底部为碳质泥岩，有少量棕色碎块状 AOM，大量 SOM 和少量孢型
Y. SJT-0	0	620 576	30 149	水井沱组底部为碳质泥岩，有少量 SOM 和孢型，未见 AOM
Y. YJH-15-3	0	0	0	无

表5-2(续)

样品号	AOM/(片/25 g)	SOM/(片/25 g)	孢型/(片/25 g)	样品整体情况
Y. YJH-15-2	16 395	39 816	21 547	岩家河组第 15 层中部为粉砂质泥岩，该样品为泥岩夹层，有少量棕褐色絮状 AOM，少量 SOM 和孢型
Y. YJH-15-1	500 499	2 481 600	214 018	岩家河组第 15 层下部为含磷结合核硅质结核的含碳质灰岩，该样品为泥岩夹层，有少量褐色絮状 AOM，大量 SOM 和少量孢型
Y. YJH-14-4	33 779	485 183	55 274	岩家河组第 14 层中部为含碳质粉砂质泥岩，该样品为泥岩夹层，有少量棕褐色絮状 AOM，少量 SOM 和孢型
Y. YJH-14-3	254 990	38 066	11 472	岩家河组第 14 层中部为含碳质粉砂质泥岩，该样品为泥岩夹层，有少量棕褐色絮状 AOM，少量 SOM 和孢型
Y. YJH-14-2	88 833	23 689	1 974	岩家河组第 14 层中部为含碳质粉砂质泥岩，该样品为泥岩夹层，有少量微粒状 AOM，少量 SOM 和孢型
Y. YJH-14-1	10 654 540	519 385	1 542 907	岩家河组第 14 层下部为含碳质灰岩，该样品为泥岩夹层，有大量棕色絮状和微粒状 AOM，少量 SOM 和大量孢型

表5-2(续)

样品号	AOM/(片/25 g)	SOM/(片/25 g)	孢型/(片/25 g)	样品整体情况
Y. YJH-13-8	0	0	11 844	岩家河组第13层上部为含碳质粉砂质泥岩,该样品为泥岩夹层,有机质含量低,为少量的碳化严重的孢型,未见AOM和SOM
Y. YHJ-13-4	70 474	150 622	19 346	岩家河组第13层中部为含硅质结核的含碳质灰岩,该样品为泥岩夹层,有少量棕褐色絮状和微粒状AOM,少量SOM和孢型
Y. YHJ-13-2	61 777	84 537	0	岩家河组第13层下部为含碳质的灰岩和碳质粉砂质泥岩,该样品为泥岩夹层,有少量棕色絮状AOM和SOM,未见孢型
Y. YJH-9-3	84 063	352 372	50 668	岩家河组第9层中部为含粉砂质泥岩,该样品为泥岩夹层,有少量棕褐色絮状AOM,少量SOM和孢型
Y. YJH-9-1	3 466 215	845 157	804 148	岩家河组第9层下部为白云岩,该样品为泥岩夹层,有少量棕褐色絮状和微粒状AOM,少量SOM和孢型
Y. YJH-8-3	1 285 121	1 278 211	497 466	岩家河组第8层为粉砂质泥岩,该样品为泥岩夹层,有少量棕色絮状AOM,大量SOM和少量孢型

表5-2(续)

样品号	AOM/(片/25 g)	SOM/(片/25 g)	孢型/(片/25 g)	样品整体情况
Y. YJH-8-1	27 079 142	4 003 271	1 811 759	岩家河组第 8 层为粉砂质泥岩,该样品为泥岩夹层,有大量棕褐色微粒状 AOM,大量 SOM 和孢型
Y. YJH-7-3	0	0	0	无
Y. YJH-7-1	5 988	18 885	3 685	岩家河组第 7 层为硅质白云岩,该样品为泥岩夹层,有少量棕褐色云朵状 AOM,少量 SOM 和孢型
Y. YJH-6-2	74 225	77 384	7 896	岩家河组第 6 层为粉砂质泥岩,该样品为泥岩夹层,有少量棕色絮状 AOM,少量 SOM 和孢型
Y. YJH-5-1	471 455	112 174	26 011	岩家河组第 5 层为粉砂质泥岩,该样品为泥岩夹层,有少量棕褐色絮状 AOM,少量 SOM 和孢型
Y. YJH-4-3	13 819	28 256	2 887	岩家河组第 4 层为粉砂质泥岩,该样品为泥岩夹层,有少量棕褐色 AOM,少量 SOM 和孢型
Y. YJH-4-2	12 672	2 000	959	岩家河组第 4 层为粉砂质泥岩,该样品为泥岩夹层,有少量棕褐色 AOM,少量 SOM 和孢型
Y. YJH-4-1	2 844	11 682	357	岩家河组第 4 层为粉砂质泥岩,该样品为泥岩夹层,有少量棕褐色 AOM,少量 SOM 和孢型

表5-2(续)

样品号	AOM/(片/25 g)	SOM/(片/25 g)	孢型/(片/25 g)	样品整体情况
Y. YJH-3-5	111 700	100 184	14 970	岩家河组第 3 层为粉砂质泥岩,该样品为泥岩夹层,有少量棕色海绵状 AOM,少量 SOM 和孢型
Y. YJH-3-3	17 996	59 130	0	岩家河组第 3 层为粉砂质泥岩,该样品为泥岩夹层,有大量褐色海绵状 AOM,少量 SOM 和孢型
Y. YJH-3-1	0	0	0	无
Y. YJH-2-7	169 867	36 542	3 935	岩家河组第 2 层为白云岩,该样品为泥岩夹层,有少量褐色海绵状 AOM,少量 SOM 和孢型
Y. YJH-2-3	0	0	0	无
Y. YJH-2-2	0	0	0	无
Y. YJH-2-1	34 201	53 201	4 146	岩家河组第 2 层为白云岩,该样品为泥岩夹层,有少量褐色海绵状 AOM,少量 SOM 和孢型

由于剖面大部分被第四纪沉积覆盖,采样不连续,因此各类有机质含量变化的规律性未能得到良好展现。孢型丰富,Y1 下部以具刺的波罗的海球藻类(Baltisphaeridium sp.)和各类单球藻为主,有少量的类型不明的 SCFs(长大线体或蠕虫碎片、虫牙以及不明类型的生物碎片等)。岩家河组 Y2 层中部以多球藻为主,未发现具刺疑源类。岩家河组第 Y2 层获得的孢型较少,主要为光面球藻(Leiosphaeridia sp.)和模糊多孔体(Polyporata obsoleta)为主,有不明类型的 SCFs。

5.3　罗家村剖面孢粉有机质地层分布和含量统计

罗家村剖面岩家河组和水井沱组样品处理过程中有机质在 HCl 中的分散性较好，分解较为完全。镜下观察统计表明，罗家村剖面有机质以大量 AOM 和 SOM 为特征，L. YJH-1-1 至 L. YJH-2-29 号样品以含钙质泥岩为主，AOM 呈黑色、棕褐色或棕色絮状或微粒状[图 5-3(b)]，有一定量的 SOM 和孢型。L. SJT-1-1 至 L. SJT-1-3 号样品为薄层泥岩，无定型有机质呈黑色、棕褐色或棕色絮状或微粒状，有大量的 SOM 和孢型。L. SJT-2-5 至 L. SJT-2-17 号样品为含钙质泥岩，AOM 呈黑色、棕褐色或棕色絮状或块状[图 5-3(a)]，有大量的 SOM 和孢型。L. SJT-3-2 至 L. SJT-4-14 号样品以黑色页岩和含钙质泥岩为主，各类有机质含量都较少，AOM 呈黑色或棕褐色块[图 5-3(a)]。

有机质的地层分布和含量统计见表 5-3。

表 5-3　罗家村剖面孢粉有机质的地层分布和含量统计

厚度/m	样品号	AOM /(片/25 g)	SOM /(片/25 g)	孢型 /(片/25 g)	样品整体情况
82.4	L. SJT-4-14	4 896 931	1 602 082	43 183	含钙质泥岩，有极少量棕色块状 AOM，少量 SOM 和孢型
80.6	L. SJT-4-12	11 144	148 883	9 807	含钙质泥岩，有极少量褐色块状 AOM，极少量 SOM 和孢型
79.4	L. SJT-4-11	709 350	1 731 919	221 096	含钙质泥岩，有极少量褐色块状 AOM，极少量 SOM 和孢型

表5-3(续)

厚度/m	样品号	AOM /(片/25 g)	SOM /(片/25 g)	孢型 /(片/25 g)	样品整体情况
78.2	L.SJT-4-10	5 264	125 902	7 019	含钙质泥岩,有极少量黑色絮状和微粒状 AOM,极少量 SOM 和孢型
76.1	L.SJT-4-8	0	0	0	无
72.1	L.SJT-4-6	123 554	247 649	15 173	含钙质泥岩,有极少量黑色絮状和微粒状 AOM,极少量 SOM 和孢型
68.1	L.SJT-4-7	2 082 079	1 312 347	55 821	含钙质泥岩,有少量褐色微粒状 AOM,极少量 SOM 和孢型
65.5	L.SJT-4-3	234 915	67 187	6 195	含钙质泥岩,有极少量黑色絮状和微粒状 AOM,极少量 SOM 和孢型
64.0	L.SJT-4-2	9 460 314	310 211	95 319	含钙质泥岩,有少量褐色絮状 AOM,少量 SOM 和孢型
61.3	L.SJT-4-1	137 906	853 955	17 308	含钙质泥岩,有少量褐色絮状 AOM,少量 SOM 和孢型
57.8	L.SJT-3-4	176 186	615 417	37 014	黑色页岩,有极少量黑色絮状和微粒状 AOM,极少量 SOM 和孢型
54.8	L.SJT-3-3	11 566 085	7 130 346	262 552	黑色页岩,有少量棕褐色絮状 AOM,少量 SOM 和孢型
52.8	L.SJT-3-2	1 163 266	6 384 984	374 356	黑色页岩,有少量棕褐色絮状和块状 AOM,少量 SOM 和孢型

表5-3(续)

厚度/m	样品号	AOM /(片/25 g)	SOM /(片/25 g)	孢型 /(片/25 g)	样品整体情况
50.8	L. SJT-2-17	48 350 932	14 163 963	1 941 499	含钙质泥岩,有大量棕色絮状 AOM,大量 SOM 和孢型
48.2	L. SJT-2-15	35 347 723	23 113 744	4 799 626	含钙质泥岩,有大量黑色块状 AOM,大量 SOM 和孢型
45.4	L. SJT-2-13	45 305 680	10 983 980	357 554	含钙质泥岩,有大量棕色块状 AOM,大量 SOM 和少量孢型
42.6	L. SJT-2-11	14 915 343	2 917 431	445 647	含钙质泥岩,有大量棕褐色絮状和块状 AOM,大量 SOM 和少量孢型
40.4	L. SJT-2-9	9 606 161	3 178 255	529 709	含钙质泥岩,有大量棕褐色絮状和微粒状 AOM,少量 SOM 和少量孢型
38.3	L. SJT-2-7	22 123 419	19 152 441	13 819	含钙质泥岩,有大量棕褐色絮状和微粒状 AOM,大量 SOM 和极少量孢型
35.5	L. SJT-2-5	17 722 226	3 819 752	275 307	含钙质泥岩,有大量棕褐色絮状和块状 AOM,大量 SOM 和少量孢型
31.0	L. SJT-2-1	2 100 412	69 093	13 819	薄层泥岩,有少量黑色絮状和片状 AOM,少量 SOM 和孢型
29.5	L. SJT-1-4	2 563 332	1 910 408	131 276	薄层泥岩,有少量黑色絮状和片状 AOM,少量 SOM 和孢型

表5-3(续)

厚度/m	样品号	AOM /(片/25 g)	SOM /(片/25 g)	孢型 /(片/25 g)	样品整体情况
28.0	L. SJT-1-3	24 723 139	25 815 722	163 980	薄层泥岩,有大量黑色絮状和片状 AOM,大量 SOM 和少量孢型
26.4	L. SJT-1-2	2 137 261	555 811	2 984 796	薄层泥岩,有少量棕褐色絮状和块状 AOM,少量 SOM 和大量孢型
25.8	L. SJT-1-1	4 532 468	3 592 810	772 520	薄层泥岩,有少量棕褐色絮状和微粒状 AOM,少量 SOM 和孢型
25.7	Y-S 界线结核	0	0	0	无
24.7	L. YJH-2-29	3 097 470	3 696 980	68 030	薄层泥岩,有少量棕褐色 AOM,少量 SOM 和孢型
22.7	L. YJH-2-27	11 759 544	1 235 374	247 075	薄层泥岩,有少量棕褐色 AOM,大量 SOM 和孢型
20.6	L. YJH-2-25	9 244 577	2 335 327	677 107	薄层泥岩,有大量黑色海绵状 AOM,大量 SOM 和孢型
18.1	L. YJH-2-23	34 326 609	2 330 235	661 833	薄层泥岩,有大量褐色海绵状 AOM,大量 SOM 和孢型
16.7	L. YJH-2-21	1 298 363	706 471	14 970	薄层泥岩,有大量褐色海绵状 AOM,少量 SOM 和孢型
15.3	L. YJH-2-19	5 181 461	3 418 411	4 396 189	薄层泥岩,有少量棕色海绵状 AOM,一定量 SOM 和大量孢型
13.6	L. YJH-2-17	4 771 989	1 658 220	20 267	薄层泥岩,AOM 为棕色块状,有 SOM 和少量孢型

表5-3(续)

厚度/m	样品号	AOM /(片/25 g)	SOM /(片/25 g)	孢型 /(片/25 g)	样品整体情况
11.65	L. YJH-2-15	7 638 442	1 403 109	304 007	薄层泥岩,AOM 为棕褐色细碎状,有大量 SOM 和少量孢型
10.4	L. YJH-2-13	38 854 167	1 222 937	811 837	薄层泥岩,有少量棕褐色海绵状褐块状 AOM,大量 SOM 和孢型
9.1	L. YJH-2-11	591 125	875 172	4 606	薄层泥岩,有少量棕色海绵状 AOM,少量 SOM 和孢型
7.8	L. YJH-2-9	24 097 558	4 401 907	457 440	薄层泥岩,有大量棕褐色微粒状 AOM,大量 SOM 和孢型
5.9	L. YJH-2-7	14 002 544	3 790 825	341 970	薄层泥岩,有大量褐色海绵状和微粒状 AOM,大量 SOM 和孢型
5.1	L. YJH-2-5	0	0	0	无
3.9	L. YJH-2-3	19 445 393	1 871 578	294 058	薄层泥岩,有大量褐色絮状和块状 AOM,大量 SOM 和孢型
2.6	L. YJH-2-1	40 231 411	4 495 619	540 073	薄层泥岩,有大量棕色絮状和块状 AOM,大量 SOM 和孢型
2.3	L. YJH-1-2	0	0	0	无
2.0	L. YJH-1-1	2 623 304	6 506 855	47 536	含硅质泥岩,有大量黑褐色絮状 AOM,大量 SOM 和少量孢型

图 5-4 为罗家村剖面岩家河组和水井沱组孢粉有机质含量,该剖面只有少量的 SOM 和孢型,不具有统计学意义,因此只统计了

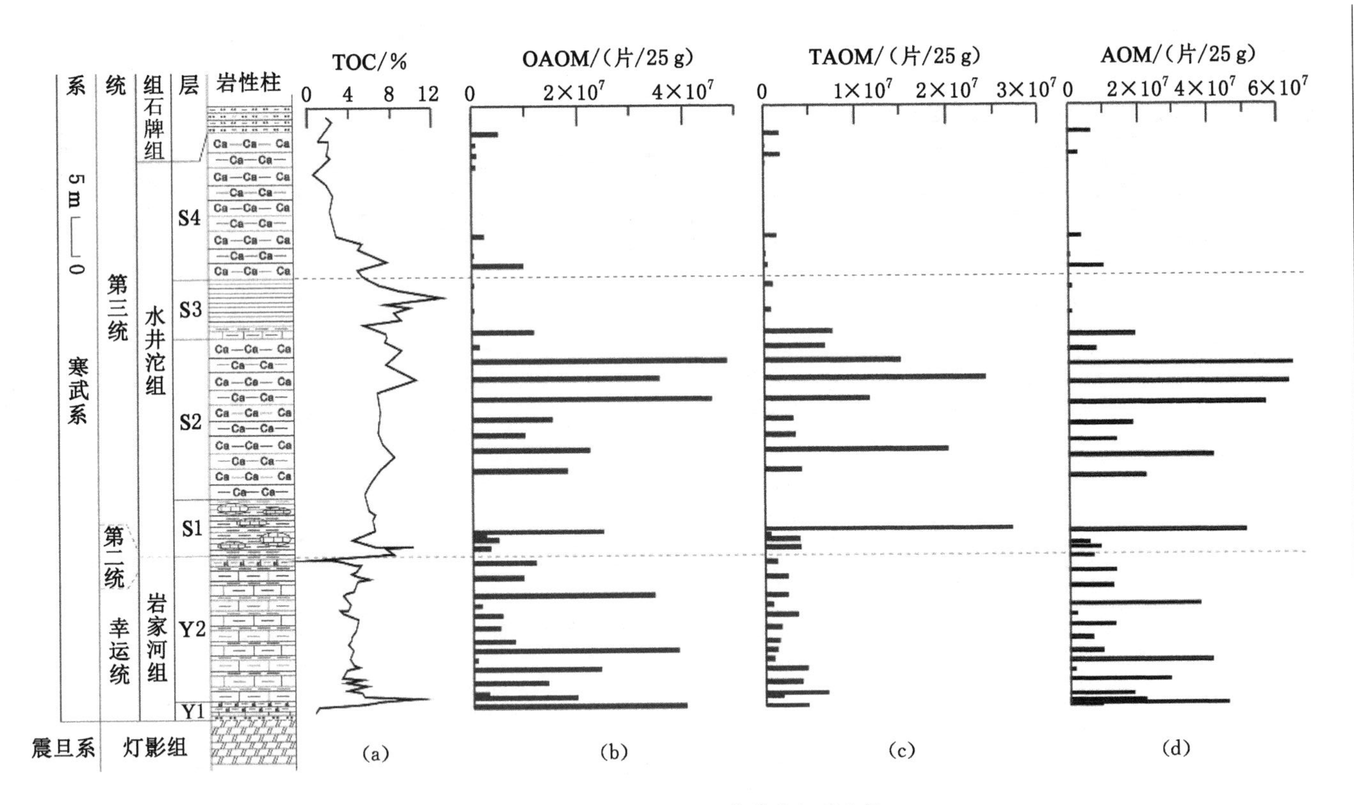

（a） TOC含量；（b）～（d） 各类有机质含量。

图5-4 罗家村剖面TOC和各类有机质的含量

（TOC引自文献[221]，图例同图2-2）

无定型有机质 AOM 的含量，罗家村剖面 AOM 分为不透明无定型有机质(OAOM)和透明无定型有机质(TAOM)。在整个序列中，OAOM 平均为 1.31×10^7 片/25 g，占所有 OM 含量的 74%；TAOM 平均为 4.65×10^6 片/25 g，占所有 OM 含量的 26%。

岩家河组 Y1 层到水井沱组 S2 层的特征在于大量的 OAOM [图 5-4(b)]，平均含量为 1.48×10^7 片/25 g；在水井沱组 S3 至 S4 层，AOM 的含量急剧降低到 3.12×10^6 片/25 g[图 5-4(b)]。而 TAOM 在剖面下部岩家河组 Y1 层和 Y2 层含量较低，平均为 2.50×10^6 片/25 g[图 5-4(c)]；到水井沱组 S1 和 S2 层，TAOM 平均含量增加到 9.11×10^6 片/25 g[图 5-4(c)]；水井沱组 S3 至 S4 层，TAOM 平均含量下降到 1.71×10^6 片/25 g[图 5-4(c)]。由于 OAOM 数量远远大于 TAOM，因此总的 AOM 含量变化趋势与 OAOM 相似[图 5-4(d)]。罗家村剖面孢粉有机质含量变化趋势对应于由 Liu 等测量的总有机碳(TOC)的趋势[221]。岩家河组 Y1 和 Y2 层，TOC 值大约为 4%，在水井沱组 S1 和 S2 层中增加到 7%，随后在水井沱组 S3 和 S4 层中下降到 2%[图 5-4(a)]。

第6章 研究区寒武纪早期沉积环境特征

6.1 沙滩剖面

6.1.1 沙滩剖面古生产力和氧化还原环境特征

为了探究沙滩剖面有机质在沉积阶段和早期成岩阶段所处的氧化还原环境,选取了 U/Th、V/Cr、Corg/P、Mo、U 作为沉积环境氧化还原指标[276-277]。为了探究古海洋生产力变化,选取了 Cu/Al、Ni/Al、Zn/Al 作为海水营养元素指标[278,281]。对地球化学指标的运用是基于前人的工作[262,282-286]。

经过扣除了陆源影响的计算之后进行了投图,并比较了各指标与 TOC 的变化趋势。从地球化学分析结果来看(图 6-1),南江沙滩剖面的古海洋环境变化可以分为 4 个阶段。

筇竹寺组第 1、2 层为阶段Ⅰ,V/Cr 的最低值为 2,最高值为 5.5,平均值为 2.42[图 6-1(b)],指示氧化还原环境整体处于贫氧-厌氧状态[276]。U/Th、Corg/P 和 Mo 这些反映氧化还原环境的值均处在较高的水平,也指示偏还原的环境[图 6-1(c)～(e)]。Cu/Al、Zn/Al、Ni/Al 这几个古生产力指标的平均值分别为 2.1 ppm/%、7.4 ppm/% 和 5.6 ppm/%,古生产力偏低[图

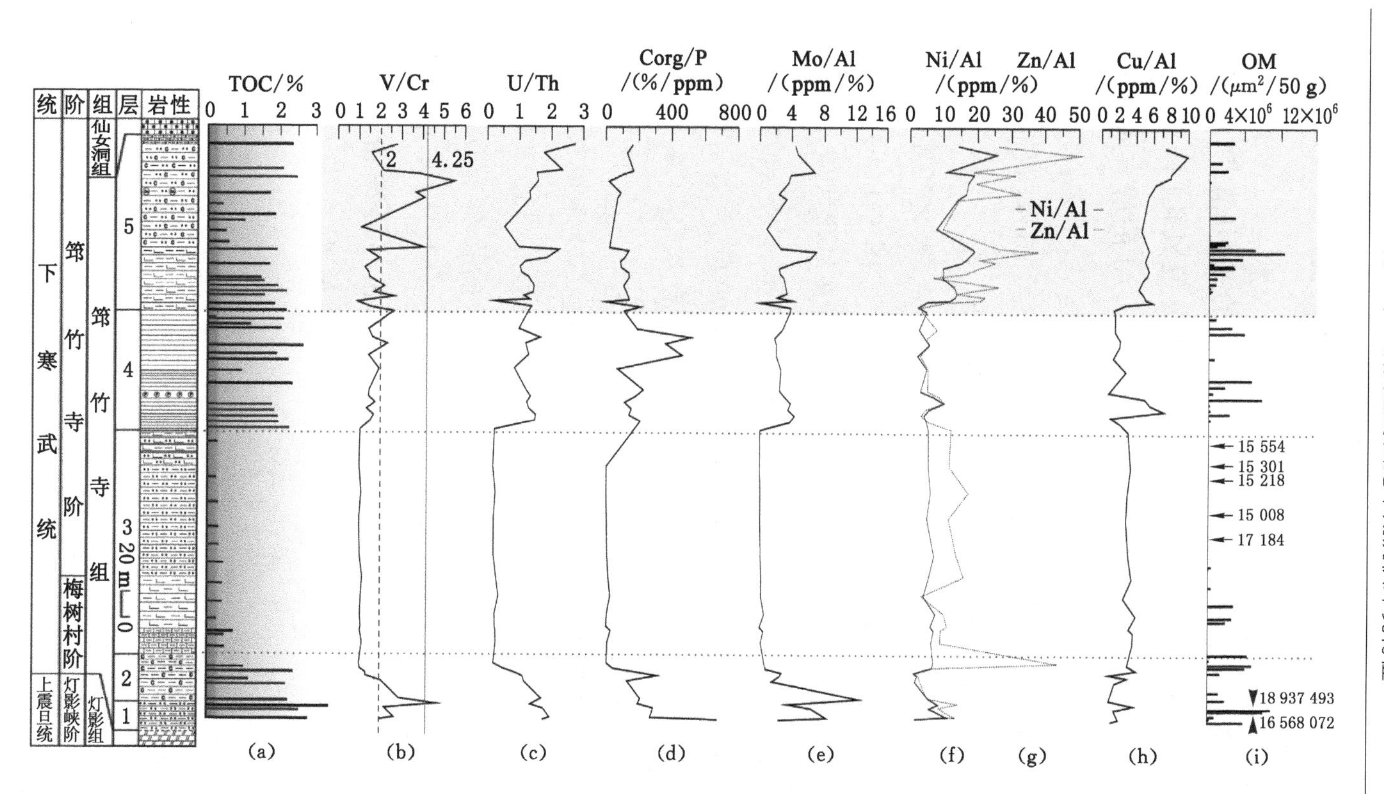

图 6-1　沙滩剖面TOC和地球化学指标及孢粉有机质总含量的地层分布

[图(b)虚线左侧的V/Cr值(<2)表示氧化，虚线和实线之间的值(2~4.25)表示缺氧，实线右侧(>4.25)表示贫氧[276]。图例同图2-2]

6-1(f)、(g)、(h)];而 TOC 含量总体偏高,平均值为 2.47%,最大值为 3.38%[图 6-1(a)]。

筇竹寺组第 3 层为第Ⅱ阶段,V/Cr 的平均值为 0.82[图 6-1(b)],U/Th、Corg/P 和 Mo 也都指示环境偏氧化[图 6-1(c)～(e)[276]]。古生产力的指标 Cu/Al、Zn/Al、Ni/Al 的值有所上升,平均值分别为 3.24 ppm/%、13.06 ppm/%、6.23 ppm/%[图 6-1(f)～(h)];TOC 含量为本剖面最低,平均值为 0.45%,最大值只有 1.02%[图 6-1(a)],未达到优质烃源岩的标准。

第 4 层为第Ⅲ阶段,发育黑色的含碳质页岩,氧化还原环境有从氧化到贫氧变化的趋势,V/Cr 平均值为 1.7[图 6-1(b)];U/Th、Corg/P、Mo 的值均有所升高,但大部分点仍落在氧化区域,古生产力指标无明显变化,依然处在较低水平[图 6-1(c)～(e)];Cu/Al、Zn/Al、Ni/Al 这几个指标平均值分别为 2.74 ppm/%、6.23 ppm/%、5.09 ppm/%[图 6-1(f)～(h)];TOC 平均含量为 1.93%,最大值为 2.64%[图 6-1(a)]。

第 5 层为第Ⅳ阶段,氧化还原环境不稳定,环境较为动荡,V/Cr 的值最低为 0.65,最高为 5.5,平均值为 2.35[图 6-1(b)];U/Th、Corg/P、Mo 这些反映氧化还原环境的指标有所上升[图 6-1(c)～(e)];古生产力明显上升,Cu/Al、Zn/Al、Ni/Al 这几个代表古生产力的指标平均值分别为 5.7 ppm/%、22.5 ppm/%、14.1 ppm/%[图 6-1(f)～(h)];TOC 平均值为 1.58%[图 6-1(a)]。

6.1.2 沙滩剖面生物硅分布

为了研究矿物与有机质的关系,本书首先对硅的来源进行了判别。Th 和 Zr 是代表陆源碎屑的两种元素,而沉积物中 Si 的来源可能是多元的，包括碎屑硅、生物硅和热液硅[287]。

如图 6-2 所示，Si/Al 的变化代表沉积物中总的硅含量的升降，沙滩剖面的 Si/Al 值[图 6-2(b)]与 Th/Al 和 Zr/Al[图 6-2(c)、(d)]的变化趋势不一致。在筇竹寺组第 1、2 层，Si/Al 的曲线呈下降的变化趋势[图 6-2(b)]，该阶段的最高值 11.2 出现在筇竹寺组最底部，而最低值 7.6 出现在第 2 层的顶部；而 Th/Al 和 Zr/Al 的值均有所上涨[图 6-2(c)、(d)]，Th/Al 的最小值和最大值分别为 3.25 ppm/%和 4.09 ppm/%，Zr/Al 的最小值和最大值分别为 56.62 ppm/%和 84.94 ppm/%。从第 3 层底部至第 4 层顶部，Si/Al 的值都无明显变化[图 6-2(b)]，平均值为 8.7，仅第 3 层下部出现一个高达 12.12 的峰值。而对于第 3 至 4 层的 Th/Al 和 Zr/Al，整个阶段的值没有明显波动[图 6-2(c)、(d)]，Th/Al 在第 3 层的平均值为 3.43 ppm/%，在第 4 层的平均值为 3.42 ppm/%；Zr/Al 在第 3 层的平均值为 69.47 ppm/%，在第 4 层的平均值为 68.64 ppm/%。到第 5 层，Si/Al、Th/Al 和 Zr/Al 的值在下部呈现共同的下降趋势[图 6-2(b)～(d)]。Si/Al、Th/Al 和 Zr/Al 的平均值分别为 8.87 ppm/%、3.10 ppm/%和 54.66 ppm/%。此次研究表明，沙滩剖面第 1 至 4 层 Si/Al 的值与 Th/Al 和 Zr/Al 的变化趋势明显不一致[图 6-2(b)～(d)]，表示 Si 的来源与 Th/Al 和 Zr/Al 不同源。而第 5 层的 Si 可能有一部分来源于陆源碎屑石英的输入。

此外，如图 6-3 所示的 Fe-Al-Mn 三角判别图，沙滩剖面的样品点绝大多数落入区域Ⅰ，表明沉积未受热液影响。在此需要说明的是，三角判别图中受到热液影响的区域和未受热液影响的区域是通过对各种岩相的样品进行大量测试划分的，包括硅质岩、含金属矿和远洋软泥等[287]。因此，排除了沙滩剖面筇竹寺组硅质为热液成因的可能，这表明硅来自生物，即寒武纪早期的海绵和放射虫[288-289]。

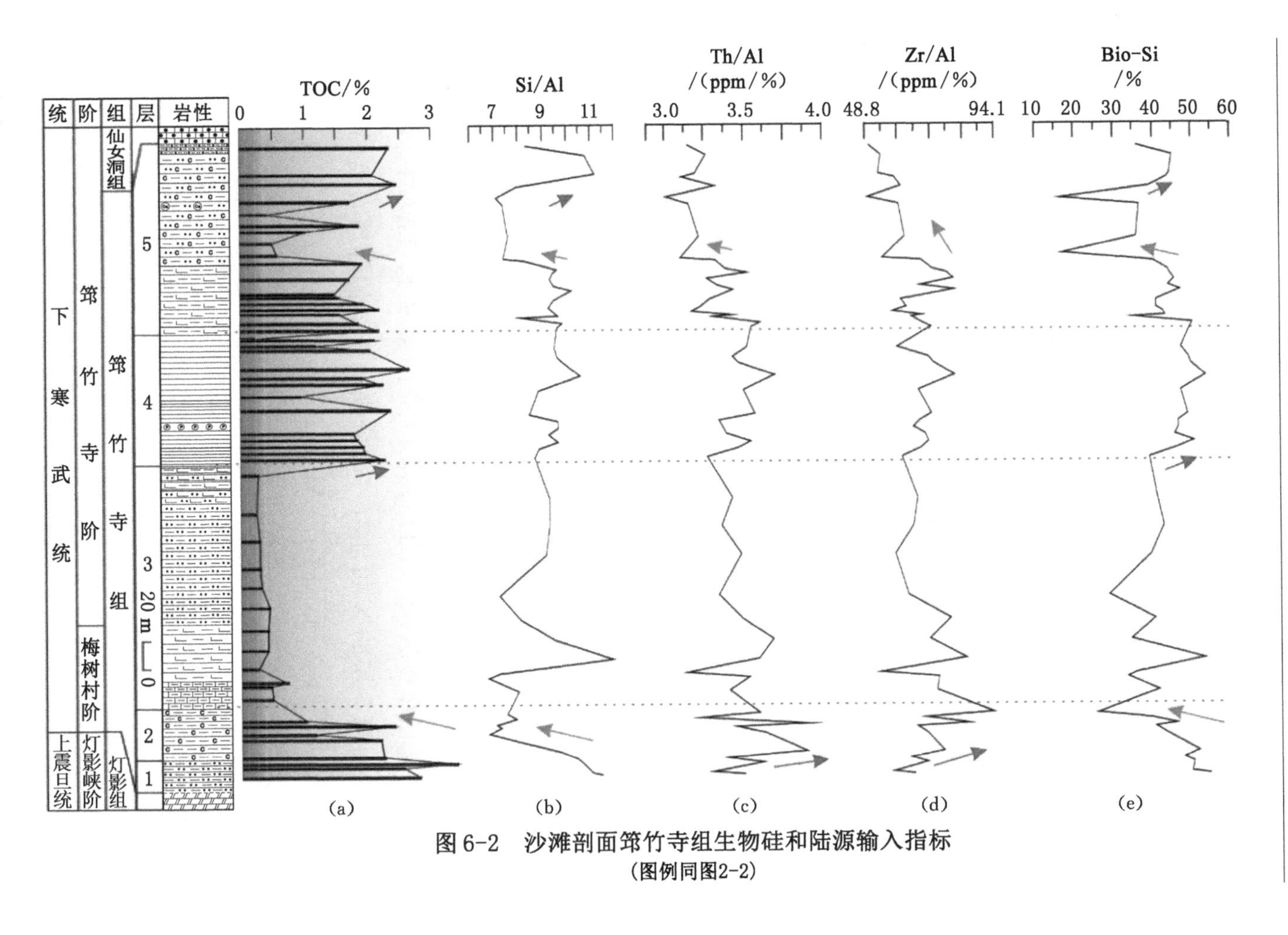

图 6-2 沙滩剖面筇竹寺组生物硅和陆源输入指标
(图例同图2-2)

如图 6-2(e)所示,用 PAAS 值扣除过的 SiO_2 代表生物硅(Bio-Si)。在第 1 层和第 2 层,Bio-Si 的平均值为 48.3%,在整个剖面相对含量较高;在第 3 层,Bio-Si 的平均值降至 38.4%;在第 4 层,数值有不明显上升,平均值上升至 49.1%;在第 5 层,Bio-Si 的平均值下降至 39.8%。

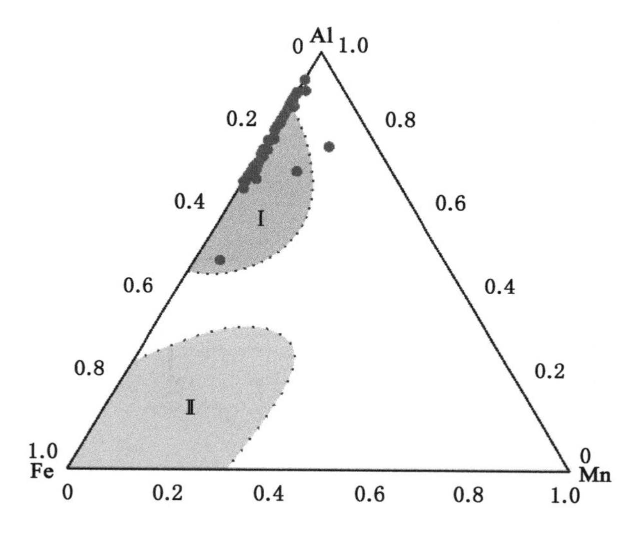

区域Ⅰ—生物成因;区域Ⅱ—热液成因。

图 6-3　沙滩剖面筇竹寺组 Fe-Al-Mn 三角判别图

6.2　罗家村剖面

6.2.1　罗家村剖面古生产力和氧化还原环境特征

图 6-4 展示了罗家村剖面岩家河组和水井沱组地球化学指标和孢粉有机质含量。可以看出各氧化还原环境指标和古生产力指

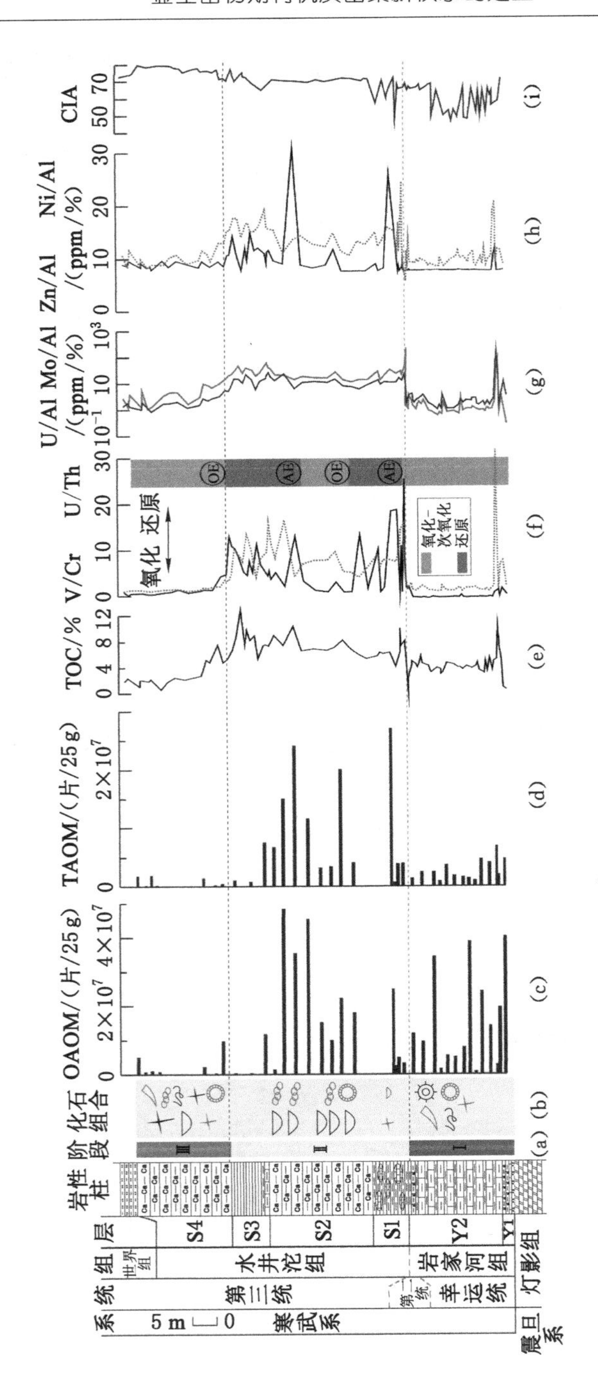

图6-4　罗家村剖面岩家河组和水井沱组孢粉有机质含量、TOC及地球化学指标地层分布

（TOC、U/Al、Mo/Al和CIA引自文献[221]，图例同图2-2）

标普遍变化趋势一致，可以分为3个阶段进行讨论。第Ⅰ阶段为岩家河组Y1层和Y2层，第Ⅱ阶段为S1层至S3层，第Ⅲ阶段为S4层，如图6-4(f)、(g)所示，整体上看，阶段Ⅱ的V/Cr和U/Th以及报道的V/Cr、U/Th、U/Al、Mo/Al值[221]相比阶段Ⅰ和阶段Ⅲ都要高，并且变化趋势一致。

第Ⅰ阶段的各个地球化学指标数值普遍偏低[221]，氧化还原环境指标V/Cr平均值为0.9，U/Th的平均值为2.8[图6-4(f)]，U/Al和Mo/Al的平均值分别为1.5 ppm/%和1.25 ppm/%[图6-4(g)]。古生产力指标Zn/Al和Ni/Al的值较低，平均值分别为5.7 ppm/%和10.1 ppm/%[图6-4(h)]。第Ⅱ阶段为S1层至S3层，V/Cr和U/Th数值突然升高[图6-4(f)]，V/Cr平均值和U/Th平均值分别达到7.0和8.4，U/Al和Mo/Al的平均值分别为(13.31±6.3) ppm/%和(20.8±10.3) ppm/%[图6-4(g)]。古生产力指标Zn/Al和Ni/Al的值开始升高，上升趋势自S1层一直持续到S3层，最大值分别达到34.4 ppm/%和24.5 ppm/%[图6-4(h)]。第Ⅲ阶段为S4层，V/Cr平均值和U/Th平均值分别降至2.5和1.1[图6-4(f)]，U/Al和Mo/Al值分别下降至(1.3±0.6)ppm/%和(2.9±2.2)ppm/%[图6-4(g)]。古生产力指标Zn/Al和Ni/Al的值同时降低[图6-4(h)]，平均值分别为9.3 ppm/%和10.2 ppm/%。

6.2.2　罗家村剖面生物硅分布

此次研究对于罗家村剖面生物硅的判别，采用的方法与沙滩剖面相似。Th和Ti是代表陆源碎屑的两种元素，而沉积物种Si的来源可能是多元的，包括碎屑硅、生物硅和热液硅[287]。首先需要将Si/Al、Ti/Al和Th/Al进行对比来判断Si/Al是否来自陆源输入。

如图 6-5 所示，Si/Al 的变化代表沉积物中总的硅含量的升降，从曲线上看，罗家村剖面的 Si/Al[图 6-5(b)]与 Th/Al 的变化趋势[图 6-5(c)]有不明显的类似；而 Si/Al 和 Ti[图 6-5(d)]的变化趋势有较明显的差异。在第 Y1 层和 Y2 层，Si/Al 的曲线总体呈下降趋势，平均值为 5.94，Y1 层出现值为 23.27 的峰值，对应的 TOC 值也出现高达 10.05％的峰值。Ti 和 Th/Al 的平均值分别为 0.22％和 1.71 ppm/％。S1 层至 S3 层 Si/Al 的曲线未见明显变化，平均值达到 5.56，TOC 的值也相应上涨，而 Ti 和 Th/Al 的曲线未见明显变化，评价值分别为 0.26％和 1.48 ppm/％。S4 层 Si/Al 的值自下至上有明显递减趋势，平均值为 5.29，最大值 9.17 出现在 S4 层最底部，最小值 2.43 出现在 S4 层最顶部。TOC 含量出现明显减低且持续递减。而 Ti 和 Th/Al 的趋势无明显变化，评价值分别为 0.27％和 1.67 ppm/％。因此，罗家村剖面岩家河组和水井沱组 Si/Al 的值与 Th/Al 和 Zr/Al 的变化趋势不一致[图 6-2(b)～(d)]，表示 Si 的来源与 Th/Al 和 Zr/Al 不同源。

此外，图 6-6 的 Fe-Al-Mn 三角判别图显示，罗家村剖面的样品点绝大多数落入区域Ⅰ，表面沉积未受热液影响[287]，因此，排除了罗家村剖面硅质为热液成因的可能。这表明硅来自生物，即寒武纪早期的海绵和放射虫[288-289]。

如图 6-5(e)所示，用 PAAS 值扣除过的 SiO_2 代表生物硅(Bio-Si)。在 Y1 层和 Y2 层，Bio-Si 的含量呈下降趋势，其平均值为 9.34％；在 S1 至 S3 层，Bio-Si 的含量呈上升趋势，平均值达到 26.30％；在 S4 层，Bio-Si 的含量自下至上有明显递减趋势，平均值为 23.88％，最大值 42.50％出现在 S4 层最底部，最小值 7.99％出现在 S4 层最顶部。

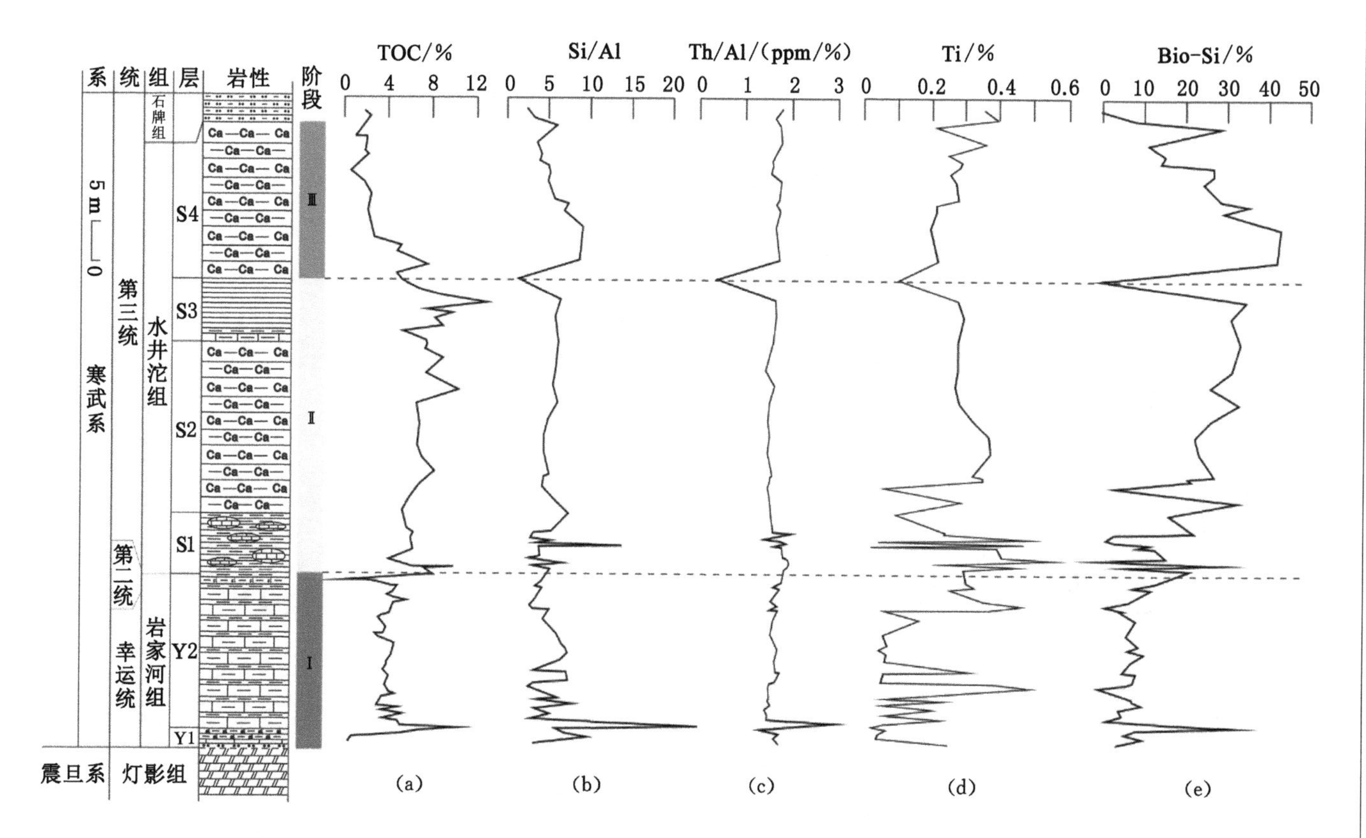

图 6-5　罗家村剖面生物硅和陆源输入指标

（图例同图2-2）

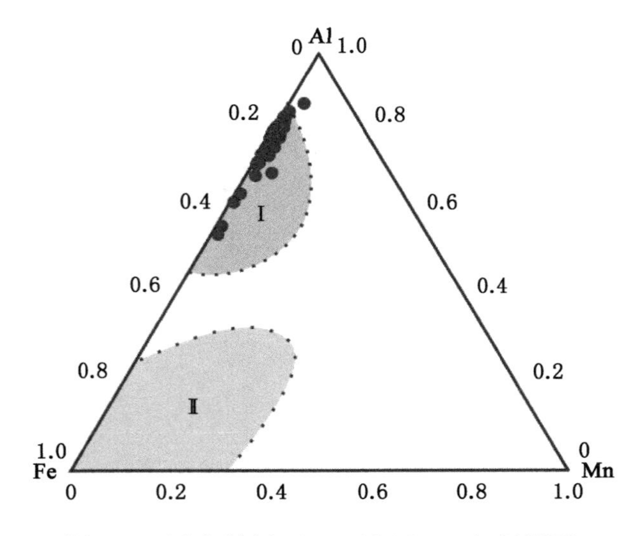

图 6-6　罗家村剖面 Fe-Al-Mn 三角判别图

第 7 章　中上扬子寒武纪早期有机质分布和保存的控制因素

海洋沉积物中有机质的大量累积一般有两种模式来解释："生产力模式"强调海洋生产力的富集使得大量有机物输出到海底[13-15]。而"保存模式"则强调促进有机质保存的主要控制因素是还原的水柱条件，而不是高的生产力[9-10]。其他学者认为，黑色页岩有机碳的固定与大陆风化和黏土矿物的关系相对于海洋水化学条件和生产力的关系可能更加密切[8]。显然，沉积有机质保存的控制因素一直以来都是个备受争议的话题。

本章深入探讨了位于扬子北缘的沙滩剖面和扬子地台内部局限盆地的罗家村剖面，研究了海洋水化学条件和古生产力对有机质控制的程度，在此基础上，深入探讨了与微体生物组合对有机质的分布控制，其中包括 3 个方面，分别为初级生产力的来源及有机质类型、生物硅以及后生动物的生命活动。

寒武纪早期是一个环境发生重大变化的时期，大气含氧量增加，海平面上升，生态系统变得复杂[290]，这些因素都可以影响海洋沉积物中的有机质保存。另外，岩性的差异也可能控制着有机质的累积模式。本章研究以沙滩剖面和罗家村剖面两套完整的寒武纪早期地层为对象。研究结果表明，沙滩剖面有机质保存可能受到了岩性变化的影响。沙滩剖面筇竹寺组第 1、2 和 4 层的碳质泥岩和黑色页岩对应着水体加深事件。在这些层位，TOC 和孢粉有机质的含量都相对较高，这体现了海平面上升引起的黏土矿物输入增加,促进了有机质的物理保护(详见7.4节)。

而罗家村剖面下部的岩家河以含粉砂质硅质泥岩和泥灰岩为特征,水井沱组S1至S4层以泥灰岩和黑色页岩为主。这说明罗家村剖面自底至上岩性没有较明显的变化,有机质的保存更加受环境因素控制。此外,被广泛用来指示硅质碎屑沉积物风化强度的CIA指数[$Al_2O_3/(Al_2O_3+K_2O+Na_2O+CaO)$][291]和TOC之间并没有耦合性[图6-4(a)、(f)],说明有机碳没有受到风化强度的控制。

7.1 “生产力模式”和“保存模式”对有机质保存解释的局限性

7.1.1 沙滩剖面

作为有机质富集和保存的重要影响因素,沙滩剖面古生产力和氧化还原环境对有机质有着明显的控制作用。事实上,研究早就证实有机质的分布与氧化还原环境的变化有关[292-293]。整体上,沙滩剖面氧化还原环境的变化类似于有学者提出的寒武纪早期内陆棚最低氧区(OMZs)的特征[294]。

如图6-1所示,沙滩剖面氧化还原环境指标V/Cr、U/Th、Corg/P和Mo/Al变化趋势非常一致,可以识别出4个氧化还原环境演变的阶段。在阶段Ⅰ,V/Cr的平均值为2.42,反映环境为次氧化至缺氧状态[276]。在阶段Ⅱ,V/Cr的平均值为0.82,这可以对应于华南寒武纪第二阶的海水氧化事件[222,295-296]。扬子板块的一些寒武纪深水剖面中,底层水仍是缺氧的[295],沙滩剖面为大陆边缘浅海沉积,底层水呈氧化状态。在阶段Ⅲ,氧化还原环境仍以氧化为主,有若干值处于缺氧和贫氧区域[图6-1(b)]。在阶段Ⅳ,

V/Cr的平均比值为2.35,表明从氧化状态转变为缺氧状态[276]。

TOC与所有氧化还原环境指标之间的耦合具有重要意义[图6-1(a)～(e)],表明氧化还原环境对TOC分布有明显的影响。此外,图7-1(a)～(d)显示,TOC与氧化还原环境指标间存在显著的相关性。TOC与U/Th、Mo/Al、Corg/P的相关系数分别为0.70、0.64和0.77[图7-1(a)、(b)、(d)]。因此,有机碳的分布与沉积水界面氧化还原环境密切相关。

相反,如图6-1(f)～(h)所示,Ni/Al、Zn/Al和Cu/Al的变化趋势与TOC没有耦合性。阶段Ⅰ的古生产力最低,但TOC含量较高[图6-1(a)和(f)～(h)]。阶段Ⅱ的古生产力指标有所上升,但TOC含量骤然下降,且持续偏低。在阶段Ⅲ,TOC和V/Cr、U/Th、Corg/P、Mo/Al的值均有相应的升高[图6-1(a)～(e)],而Ni/Al、Zn/Al和Cu/Al只在阶段Ⅳ才开始增长[图6-1(f)～(h)]。此外,与古生产力有关的元素Cu、Ni、Zn与TOC的相关性投图和相关性分析都没显示相关性,其相关系数分别为0.016、0.019和0.084[图7-1(e)]。这些观测结果表明,古海洋生产力并没有对有机碳的分布起到控制作用。

然而,进一步观察表明,只有在氧化还原环境相对稳定的阶段Ⅰ、Ⅱ和Ⅲ,TOC与V/Cr的相关性才较高,相关系数达到0.64[图7-1(c)]。在氧化还原环境波动的阶段Ⅳ,TOC与V/Cr无明显相关性[图7-1(c)]。此外,TOC、Zn/Al、Ni/Al和Cu/Al曲线在阶段Ⅳ中部前后均呈现相同的下降趋势[图6-1(a)和(f)～(h)]。在阶段Ⅳ,古生产力与TOC似乎是密切相关的。这一现象表明,正如上文提到的,还原环境是有机碳富集的前提条件,只有在氧化还原环境如阶段Ⅳ这样波动不稳定的沉积阶段,才能揭示古生产力对TOC的限制。

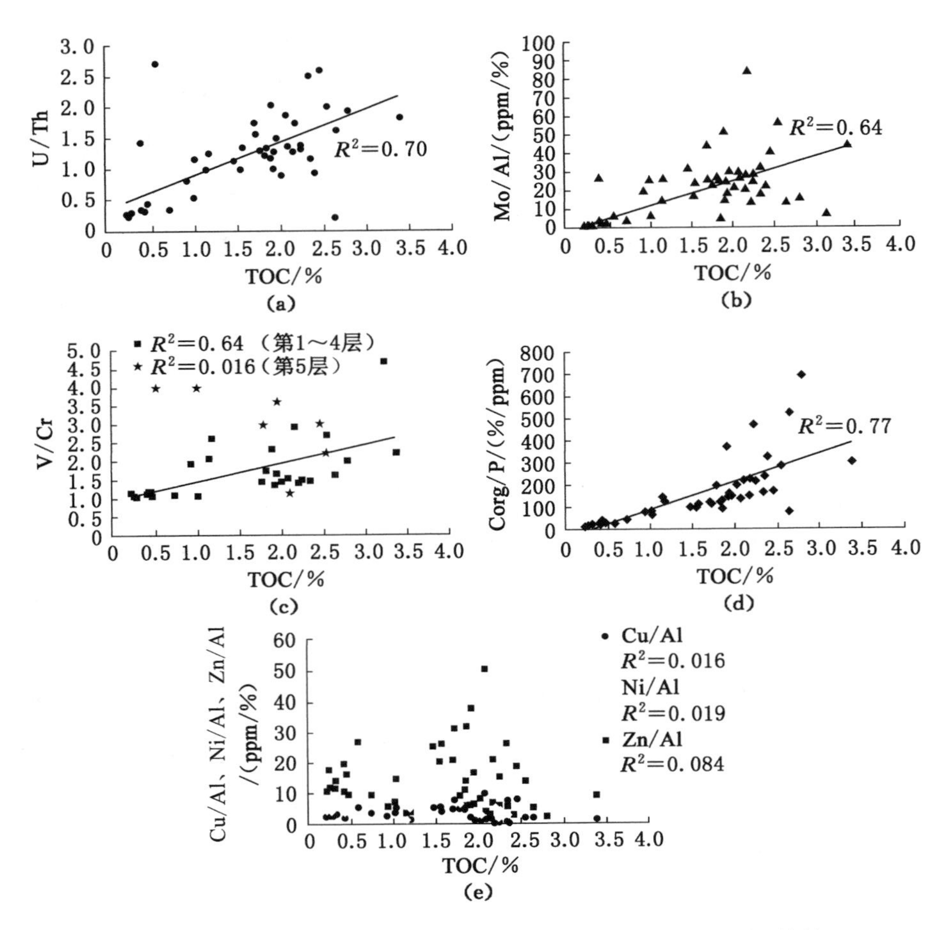

图 7-1 沙滩剖面筇竹寺组地球化学指标与 TOC 的相关性

7.1.2 罗家村剖面

总体来说，罗家村剖面岩家河组和水井沱组古生产力指标与 TOC 和孢粉有机质分布有着明显的对应关系。Liu 等人利用 Ba 对罗家村剖面的古生产力进行了指示[221]。据报道，水井沱组的 Ba 和 Ba/Al（阶段 Ⅱ 和 Ⅲ 分别为 700 ～ 1 300 ppm 和 120 ～

400 ppm/%）与现代海洋沉积物中的高生产力的值相似。如图 6-4 所示，本研究中的其他古生产力指标（Zn/Al 和 Ni/Al）在这 3 个阶段都呈现出周期性变化[图 6-4(h)]。Zn/Al 值和 Ni/Al 值在第Ⅰ阶段较低[图 6-4(h)]，表明生产力相对中等，与之对应，TOC 含量也相对较低[图 6-4(e)]。第Ⅱ阶段 Zn/Al 值和 Ni/Al 值都较高，表明古生产力有所提高[图 6-4(h)]，TOC 值也增加[图 6-4(e)]。在第Ⅲ阶段，Zn/Al 和 Ni/Al 值相对较低，表明古生产力下降[图 6-4(h)]，TOC 含量同样降低[图 6-4(e)]。

罗家村剖面岩家河组和水井沱组的氧化还原环境指标 V/Cr 和 U/Th[图 6-4(f)]与 U/Al 和 Mo/Al[图 6-4(g)]一致，只是 V/Cr 和 U/Th 的数据显示了更精细的变化，特别是水井沱组 S2 层下部的波动。Zhang 等人 2018 年将罗家村剖面水井沱组氧化还原环境总体演化特征概括为两次缺氧事件（AEs），并伴随着逐渐的氧化事件（OEs）[240]。岩家河组 Y1 层和 Y2 层处于氧化环境[图 6-4(f)、(g)]，而水井沱组 S1 层环境与第一次缺氧事件相对应，S2 层中部恢复到氧化环境。在 S2 层上部观察到另一次缺氧，缺氧状态一直持续到 S3 层的顶部，对应于第二次缺氧事件，随后是 S4 层的逐渐氧化[图 6-4(f)、(g)]。然而，岩家河组 Y1 层和 Y2 层的氧化环境似乎并没有影响到 AOM 的保存，并且水井沱组 S2 层中部的氧化环境也并没有使 AOM 和 TOC 的值降低。这似乎表明有机质的保存并未受到氧化还原环境的影响。

因此，通过沙滩剖面和罗家村剖面的孢粉有机质、TOC 分布和地球化学特征对“生产力模式”和“保存模式”的重新审视，这两者都不能用来充分评估有机质的保存。这同时也揭示了有机质分布控制因素的多元性。事实上，应该尽可能考虑到一切缩短有机质暴露时间 OET 的因素，来改进有机质分布的评估模型。因此，生物硅和有机质来源类型，以及微体生物的组合都为此次研究提供了新的视角。

7.2 有机质来源与有机质保存的关系

从广义上讲，沉积有机质的保存可以看作是耐降解有机质产生的过程[4]。微体生物对沉积有机质富集所做贡献的程度与地质历史时期古生物学背景有很大的关系。研究表明，不同于以微生物席为主导的前寒武纪生物圈，寒武纪早期有机质的富集和保存是建立在显生宙伊始新的生态系统下的[192-193]。前寒武纪—寒武纪转折期的生物面貌发展也反映环境的重大变化[231]。在本研究中，寒武纪早期沉积有机质对广泛的全球海洋氧化的抗性得到了体现[31,222]。

4.2 节介绍，南江沙滩剖面、秭归滚石坳剖面和罗家村剖面的孢粉相以海相菌藻类高度发育为特征。大量的由疑源类、细菌、真菌、古细菌、蓝细菌和宏观藻类形成的 AOM 是寒武纪早期有机质选择性保存的体现[169,189]。以往的研究证实，藻类可以产生藻质素，它是藻类细胞壁组分，含有羟基或酯官能团的长链脂类等物质，是一种独立的、不可水解的抵抗生物降解的高脂类大分子[197]。它们被选择性保护且在成岩过程和成熟过程中十分顽强。

此外，浮游植物和细菌可以分泌溶解有机质（DOM）或释放已经合成好的胶体有机质，TEP（透明胞外聚合物）和 EPS（胞外聚合物）[164,298]能够在海水中进一步形成三维网状物，这些纳米级至微米级的胶体可以继续发生碰撞和冷凝，最后形成聚合态的无定型有机质[174-146]。在沙滩剖面第 4、5 层，以及罗家村剖面第 Y1、Y2 和 S2 层下部，普遍处在氧化至次氧化的层位，高的有机质保存率很有可能是因为有机质自身具备耐降解性而得到的选择性保护。

为证明有机质与微体浮游植物之间的联系，对沙滩剖面筇竹寺组62个岩石样本的孢粉有机质数据和TOC之间做了相关性分析。结果表明，TOC与AOM之间存在显著的相关关系，相关系数R^2＝0.449[图7-2(a)]，AOM和SOM之间也显著相关，相关系数为R^2＝0.482[图7-2(b)]。这可以间接证明，单细胞藻类、疑源类和宏观藻类都是有机质的贡献者。

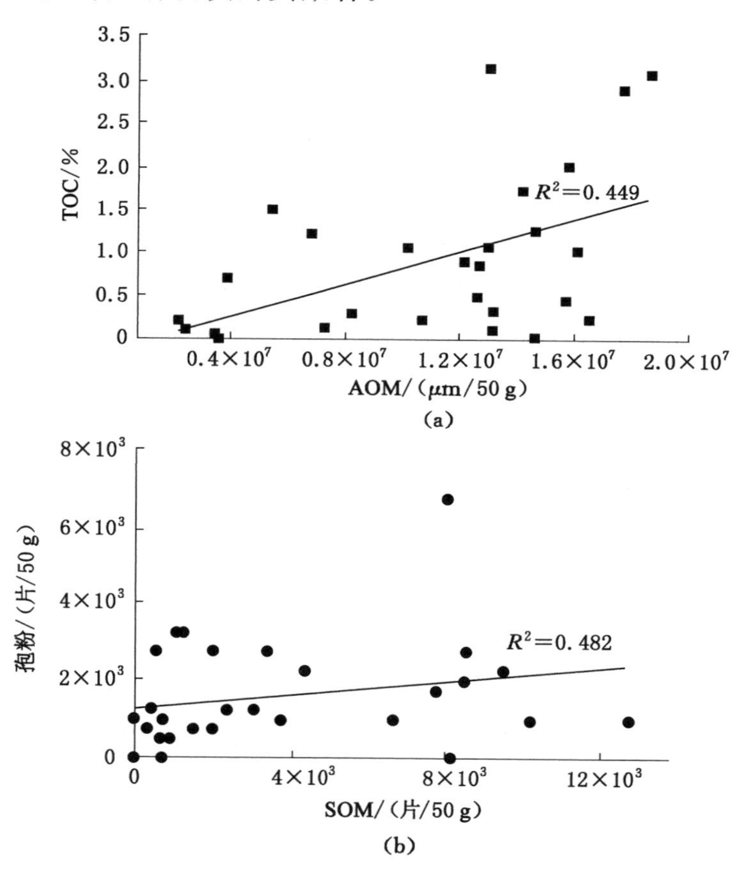

图7-2　沙滩剖面TOC、AOM和SOM的相关性

因此，如7.1节所述，TOC的变化与氧化还原环境的地层变化有关，然而并非严格对应，氧化至次氧化的环境似乎没有对有机质

的保存产生决定性的负面影响。一种可能的解释是，与有机质的来源有关的耐降解成分可能是有机质得以保存的内在因素。虽然此次研究没有直接证据证明与有机质的聚凝过程有关的选择性保存，但基于孢粉有机质研究以及对有机质来源的探讨，使我们对有机质保存的早期阶段有了深入了解。

此外，有机质的母源类型和母源所处的环境不同，导致了有机质的合成方式不一[299]。沙滩剖面、滚石坳剖面和罗家村剖面成烃生物，不同于很多中国晚元古代至早古生代烃源岩的单一的成烃生物类型，如单一的以红藻为生烃母质的下花园型[300]。此次实验获得的丰富的微体古生物化石表明了研究区生烃母质的多重性。

而通过 4.2.2 节中成烃生物分布的统计结果来看，沙滩剖面成烃生物组合可以分为两个类别，分别是以光面球藻和具刺疑源类占主导地位的阶段Ⅰ、Ⅱ、Ⅲ，和以团藻占主导地位、其他类最为多样的第Ⅳ阶段。

在 7.3 节，本书以微体动物和微体粪化石颗粒较丰富的罗家村剖面为例，具体分析微体生物组合对有机质保存的影响。

7.3 微体生物组合与有机质保存的关系

以往的模拟实验的确表明，初级生产力的提高加上低效率的碳输出是造成海洋广泛缺氧的原因[301]。反过来，缺氧环境的扩大可以触发一个生产力和有机质保存的正反馈循环，因为磷酸盐的循环为初级生产提供了物质基础[302]，并且促进有机质保存。此外，显生宙伊始动物的出现驱动了海洋物理化学环境的改变和生态系统的转变，这也影响着有机质的保存。海水中上层动物的觅食行为将分散的单细胞浮游生物（藻类、疑源类等）转化为较大的粪便颗粒，使其在水柱中更快速地沉降[192]。动物的其他生命活动也促进了海水中有机质碎片或有机质聚集体下沉率[204,206]，从而缩短了有机质在氧气中暴露的时间。当然，底栖动物的活动可以导致有机质的分解，这降低了其保存效率[12]。

根据滚石坳剖面和罗家村剖面生物化石组成和分布特征，在罗家村剖面划分出了 3 个微体古生物组合，如图 7-3 所示。其特征如下：

组合Ⅰ：第一阶段有 8 个化石富集层位，以高浓度的疑源类和丰富的化石种类为特征。L. YJH-2-19 为疑源类富集层，此外还发现了海绵骨针和小壳化石有机质内衬。海绵骨针有机质内衬集中在岩家河组底部的 L. YJH-2-1 至 L. YJH-2-3 层，以及岩家河组和水井沱组界线 Y/S-0 层。小壳化石有机质内衬集中在 L. YJH-2-1 至 L. YJH-2-15 层。而在滚石坳剖面的切片中除了疑源类之外，还存在长大线体（Y. YJH-2-5、Y. YJH-4-7）和膜状和网状动物化石（Y. YJH-7-5、Y. YJH-7-6）。

组合Ⅱ：第二阶段有 3 个化石富集层位，以高浓度的疑源类和大量的微体粪化石为特征。L. SJT-1-2 和 L. SJT-2-15 为疑源类富集层。在该阶段底部的 L. SJT-1-1 层有大量海绵骨针有机质内衬，该阶段中上部有丰富的微体粪化石。

组合Ⅲ：第三阶段疑源类浓度降到整个剖面最低，仍有少量海绵骨针和小壳化石的有机质内衬和微体粪化石。有 L. SJT-4-5 和 L. SJT-4-12 两个化石富集层。

结合图 6-4，总的来说在罗家村剖面，孢粉有机质与 TOC 浓度，生产力指标 Zn/Al 和 Ni/Al，氧化还原环境指标 V/Cr、U/Th、U/Al 和 Mo/Al 的变化趋势一致。罗家村剖面的生产力和氧化还原环境的周期性循环，使微体古生物组合和有机质保存情况被分为 3 个阶段。

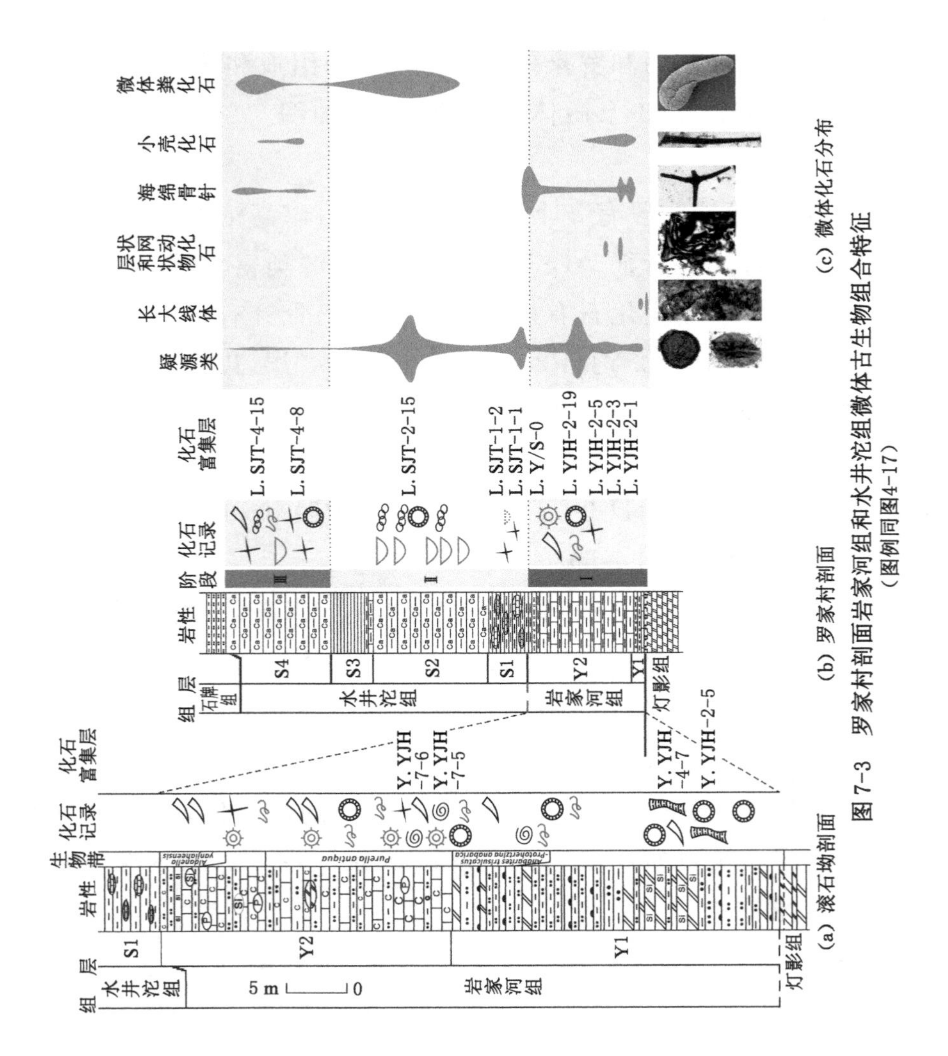

(a) 滚石坳剖面　(b) 罗家村剖面　(c) 微体化石分布

图 7-3　罗家村剖面岩家河组和水井沱组微体古生物组合特征

（图例同图4-17）

第Ⅰ阶段(岩家河组 Y1 和 Y2 层)的微体化石组合特征为疑源类种类和数量都较为丰富,此外,还获得了大量海绵骨针和小壳化石的有机质内衬,并未发现微体粪化石颗粒。微体化石组合和相对较低的 V/Cr、U/Th、U/Al 和 Mo/Al 值[图 6-4(f)、(g)]表明,自海水表层至沉积水界面环境氧化[图 6-4(f)],古生产力相对较低,TOC 含量相对整个剖面来说不高[图 6-4(e)],OAOM 和 TAOM 含量处于相对中等水平[图 6-4(c)、(d)]。

这一阶段藻类、疑源类的繁盛可能是受到新元古代末期至寒武纪早期氧含量增加的刺激,这也促进了生态系统由简单到复杂的过渡[47,222]。这一时期浮游植物浓度远高于新元古代,为有机质的合成提供了来源。然而,水柱中氧化的条件会导致透光带有机质的高效分解循环,大量有机质难以沉积并保存,导致该阶段有机质的含量中等偏低,尽管如此,其保存效率可能仍远高于新元古代。而这一阶段初级生产力的持续繁盛最终结束了水体自下而上的氧化环境[图 6-4(b)、图 7-4(a)]。

第Ⅱ阶段为水井沱组 S1 层至 S3 层。其间经历了两次缺氧和相应的氧化事件[图 6-4(f)]。以往的研究表明,罗家村剖面第Ⅱ阶段的缺氧事件是由海洋生产力的升高导致的[221,240],这与此次实验显示的该阶段的高生产力是一致的[图 6-4(h)]。缺氧环境会促进有机质的保存,因此 TOC 和孢粉有机质的含量较高[图 6-4(f)、(g)]。阶段Ⅱ的微体化石以丰富的藻类、疑源类为主,并出现了微体粪化石颗粒[6-4(b)]。前人报道的双瓣壳节肢动物和古盘虫的大量出现也对应这一层位[240],这表明该阶段生态系统开始复杂化。动物的繁盛使得有机质在水柱中的沉降加快,从而促进了有机质的保存[192,207]。大量有机质沉降至海底导致了深层水体的缺氧[76,198],并促使深层次海洋生物地球化学环境发生重构[图 7-4(b)];有机质的积累和水体的缺氧导致了生态环境的崩塌,从而造成了下一阶段初级生产力下降、水体恢复氧化，这也是生态环境重新恢复的开端。

第Ⅲ阶段位于水井沱组顶部，前人的研究表明，此时后生动物多样性达到顶峰，包括海绵、腕足类[233]和节肢动物等[240]。此次研究在该层位找到了大量疑源类、小壳类和海绵骨针的有机质内衬以及微体粪化石颗粒[图 6-4(b)、图 7-4(c)]。

氧化还原环境指标指示该阶段环境为氧化至次氧化[图 6-4(f)、(g)]。Zn/Al 和 Ni/Al 的降低表明古生产力下降[图 6-4(h)]。孢粉有机质和 TOC 含量显示有机质保存状况比阶段Ⅰ和Ⅱ差[图 6-4(c)～(e)、图 7-4(c)]。加之该阶段很有可能存在生物扰动，使得有机质无法很好地保存[12]。

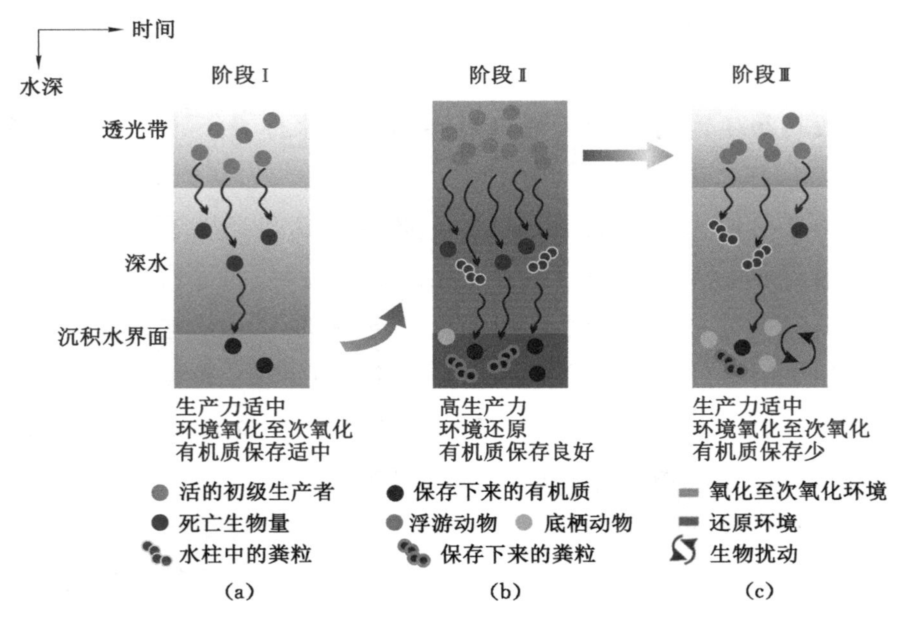

图 7-4　罗家村剖面有机质保存模式图

罗家村剖面这 3 个阶段显示了高的古生产力和缺氧条件促进了有机质的保存，而氧化环境和低生产力限制了有机质的保存。并且微体古生物组合与海洋水环境之间的紧密联系反映了有机质循环和保护的新模式。

为了具体从硅质生物的角度来分析微体生物组合与有机质保存的关系，对沙滩剖面和罗家村剖面生物硅进行了研究（见 7.4 节）。

7.4　生物硅和有机质保存的关系

研究表明，有机质的保存与矿物的吸附作用密切相关，如二氧化硅、碳酸钙和黏土矿物等矿物颗粒，这也构成了物理保护[303]。如上文所述，沙滩剖面有机质保存可能受到了黏土矿物的影响。沙滩剖面筇竹寺组第 1、2 和 4 层的碳质泥岩和黑色页岩对应着水体加深事件，在这些层位，TOC 和孢粉有机质的含量都相对较高，这体现了海平面上升引起的黏土矿物输入增加，促进了有机质的物理保护。虽然华南地区寒武纪分布的硅质沉积岩，包括富有机质黑色硅质页岩和硅泥质岩被广泛研究[42,75,241,304]，但更进一步的关于阐明生物成因二氧化硅与有机质富集之间的直接关系的研究有待深入。生物硅的含量已被用作指示生产力时空变化的指标[242-243]。此次研究以南江沙滩剖面和秭归罗家村剖面为例，对生物硅（Bio-Si）的分布进行了深入研究，探讨了其与有机质保存的关系。

图 6-2(a)、(e)显示了沙滩剖面筇竹寺组 TOC 与 Bio-Si 的变化趋势一致。此外，图 7-5(c)显示 TOC 与 Bio-Si 之间存在显著的相关关系，相关系数达到 0.69。而 TOC 与陆源输入指标 Th/Al 和 Zr/Al 的变化曲线不一致[图 6-2(c)、(d)]。此外，TOC 与 Th/Al、Zr/Al 的相关性投图均无相关，相关系数分别为−0.105 和 0.099[图 7-5(a)、(b)]。这进一步表明生物硅的分布与有机碳的积累有密切联系，而沉积有机碳受风化强度的控制较弱。

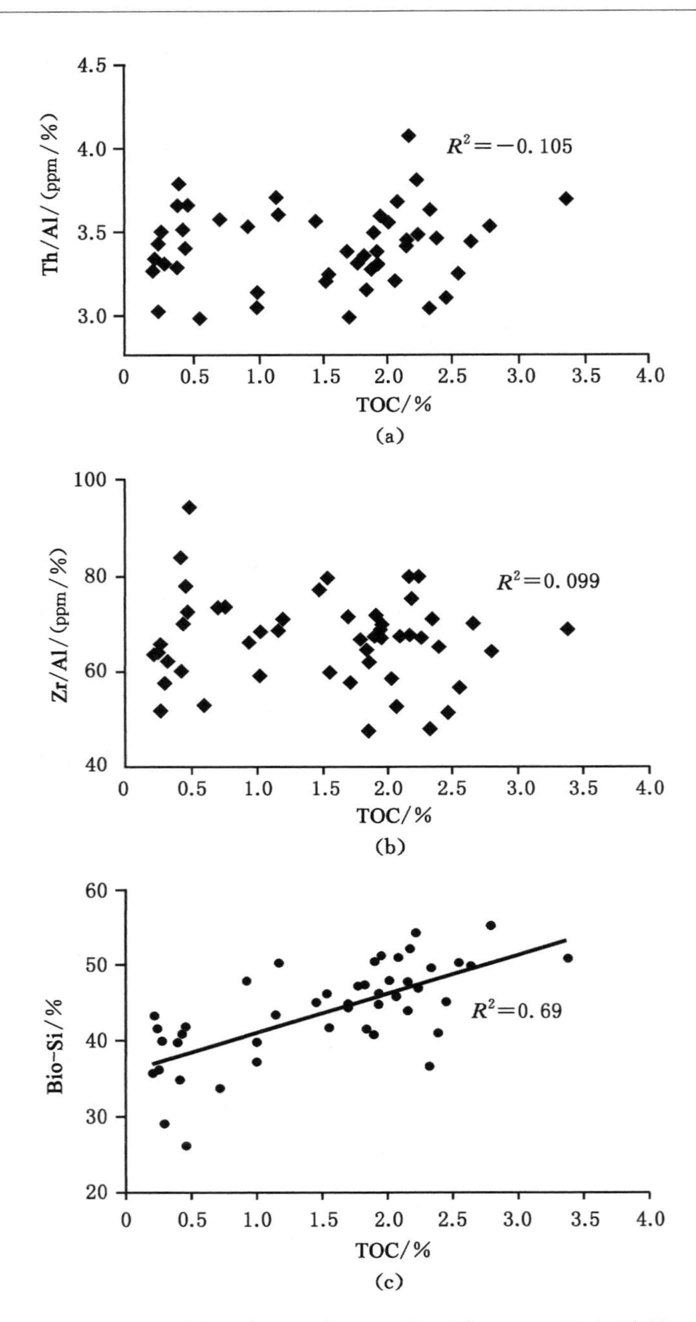

图 7-5　沙滩剖面陆源矿物和生物硅与 TOC 的相关性

在罗家村剖面也观察到相同的特征，图6-5(a)、(e)显示了沙滩剖面TOC与Bio-Si的变化趋势一致，图7-6(c)也显示TOC与Bio-Si之间存在显著的相关关系，相关系数达到0.72。而TOC与陆源输入指标Ti和Th/Al的变化没有相似性[图6-5(c)、(d)]，此外，TOC与Th/Al、Zr/Al的相关性投图均不相关，相关系数分别为0.02和0.07[图7-6(a)、(b)]。这也表明，同沙滩剖面类似，罗家村剖面岩家河组和水井沱组生物硅的分布与有机碳的积累有密切联系，而沉积有机碳受风化强度的控制较弱。

如上文所述，此次实验表明，研究区的AOM和TOC的主要来源是藻类、疑源类和细菌。这些浮游植物占海洋表面总生产力的绝大部分，它们能够被硅质骨骼的浮游生物摄食[242]。新元古代—寒武纪转折期是许多主要动物进化的时期[12,192,194,231,306]，海洋硅质生物矿化陆续被报道，如六射海绵和放射虫[217,226,241,289,307-308]。它们从海水表层提取溶解的二氧化硅形成骨骼[309-310]。

此外，AOM，也就是此次研究获得的主要的有机质，从形成机理上讲属于“聚合有机质”类型[156]。研究表明，有机质在聚合或缩合过程中，其赋存状态受到所吸附的矿物颗粒的影响，从而促进了有机质的物理保护[303]。有机质和无机矿物的相互作用可以保护不稳定的有机组分，例如保护活性蛋白免受化学攻击，即酶或非生物酸水解[239]。微体生物形成生物非晶态二氧化硅已得到广泛研究[311]，对生物硅的光谱研究表明，在分子尺度上，二氧化硅和有机质之间有很强的相互作用，可能是通过Si-C或Si-N静电键形成的。这可能是有机质分布和生物硅之间密切相关的原因。

为了对OM与Bio-Si之间的结合有更直接的了解，在沙滩剖面筇竹寺组选取了20个样品进行了原位扫描电镜观察，样品包括研究区所有岩性。在所有被测样品中都发现了大量的无定型有机质。如图7-7所示，扫面电镜图像显示，原岩样品中的这些有机质都没有固

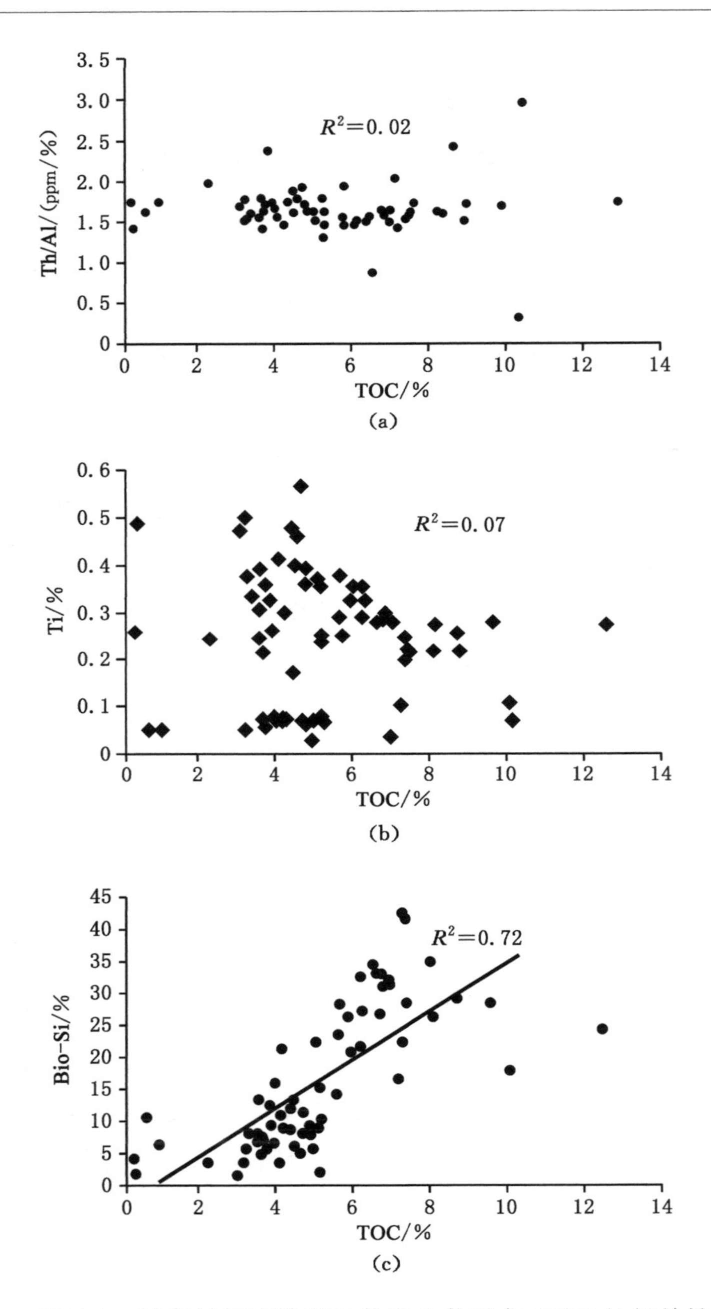

图 7-6 罗家村剖面陆源矿物和生物硅与 TOC 的相关性

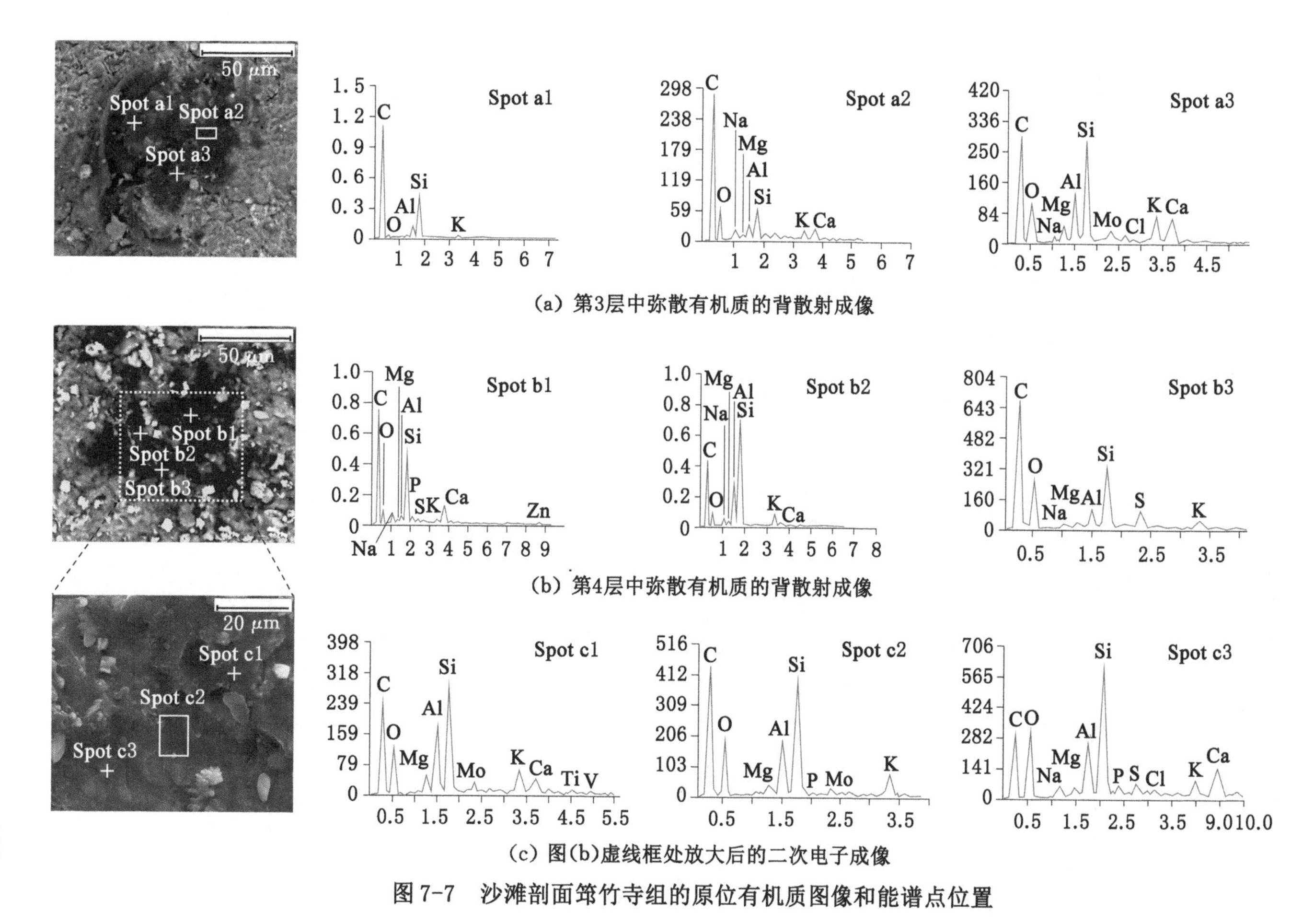

(a) 第3层中弥散有机质的背散射成像

(b) 第4层中弥散有机质的背散射成像

(c) 图(b)虚线框处放大后的二次电子成像

图 7-7　沙滩剖面筇竹寺组的原位有机质图像和能谱点位置

定的结构，而是呈弥散和浸染状存在于围岩中的。扫描电镜下观察到的这类有机质已被之前的学者定义为弥散有机质[248]，它们对应于孢粉学上的无结构的有机聚合体，或无定型有机质 AOM[156,248]。

如图 7-7 所示，从较高的 C 原子含量(57.72%～88.69%)看，原位的弥散有机质的化学组成以有机化碳氧合物为主。扣除掉可能存在于黏土矿物和石英矿物中的 Si 之后，仍有较高的 Si 含量。如 6.1.2 节论证，沙滩剖面筇竹寺组硅主要为生物成因，因此，此次的扫描电镜原位观测表明，沙滩剖面筇竹寺组的有机质与生物硅密切共存。

矿物分布对于古环境条件来说是相对独立的指标，主要是沉积学特征的反映。同时，硅质生物的存在也属于寒武纪早期海洋微体生物组合的特征之一。此次研究表明，生物硅可以作为有机质富集和保存的独立指标来指示有机质的分布。

第8章　结　　论

寒武纪早期有机质的来源和前寒武纪相比发生了根本性改变。本研究通过孢粉有机质实验、切片和扫描电镜原位观察，揭示了寒武纪早期沉积有机质的多重来源。微体古生物组合和古海洋环境的综合研究，为沉积有机质分布的综合评估提供了新的视角。本书得到以下几点结论：

（1）我国寒武纪微古植物的多样性一直未被充分了解，本书通过对我国寒武纪有机质壁微体化石的详尽统计，得到了寒武纪早期从幸运阶至第三阶以疑源类为主的有机质壁微体化石的地层分布，总共确定了79属138种化石的年代地层位置。同时笔者在扬子北缘寒武纪早期剖面获得了大量孢粉有机相形式存在的微体浮游植物，共64属，这表明人们对寒武纪早期微古植物的认识还只是冰山一角，需要展开更深入的研究。

（2）显生宙伊始动物的出现驱动了海洋物理化学环境的改变和生态系统的转变，同时也改变了有机质的保存机制。此次研究不仅获得了寒武纪早期大量的动物微体化石碎片和动物粪便微体颗粒，提升了人们对于介于宏体和微体化石之间的小型碳质化石的关注度，还通过对南江沙滩剖面和秭归水井沱剖面的具体研究，深入探讨了以动物的参与与否为核心的微体生物组合对有机质分布和保存的影响，强调了动物在海洋透光带和沉积物之间起到的加快有机质沉降的作用。提出了在以往的“生产力模式”和“保存模式”基础上，微体生物组合分析也可作为评估有机质保存的手段。除了此次实验中获得的动物化石之外，前人报道的小壳化石、海绵骨针、放射虫、三叶虫、腕足类等都有可能是与有机质保存相关的动物。

（3）沉积有机质的保存可以看作是耐降解有机质产生的过程，有机质母源在很大程度上决定了有机质的选择性保护。本书得出，寒武纪早期的沉积有机质主要以无定型有机质 AOM 的形式存在，这代表了寒武纪早期扬子板块大陆边缘广泛存在的有机相。AOM 形成于该时期海洋中大量的藻类、疑源类、真菌、蓝细菌和宏观藻类。沙滩剖面及罗家村剖面 AOM 可以在氧化至次氧化的层位高效保存，因为有机质从母源所产生的藻质素或形成过程中产生的各种地质聚合物中得到了选择性保护，其保存不仅受到外部环境的影响，同时也受到自身耐降解性的影响。

（4）寒武纪早期硅质生物，尤其是放射虫和海绵的分布备受关注。此次实验结果表明，南江沙滩剖面筇竹寺组及秭归罗家村剖面岩家河组和水井沱组的硅来源于生物，极少层位受到陆源输入影响。生物硅的含量与孢粉有机质和 TOC 有着密切的关系，并且扫描电镜原位观测和能谱分析反映出无定型有机质与生物硅的紧密结合。因此，在寒武纪早期，生物硅是指示有机质富集情况的良好指标。寒武纪早期硅质生物（放射虫和海绵）的生命活动有利于沉积有机质的保存。

参考文献

[1] DING X L, HENRICHS S M. Adsorption and desorption of proteins and polyamino acids by clay minerals and marine sediments[J]. Marine chemistry, 2002, 77(4): 225-237.

[2] BERNER R A. Biogeochemical cycles of carbon and sulfur and their effect on atmospheric oxygen over Phanerozoic time[J]. Palaeogeography, palaeoclimatology, palaeoecology, 1989, 75(1/2): 97-122.

[3] GIANGUZZA A, PELIZZETTI E, SAMMARTANO S. Chemistry of marine water and sediments[M]. Berlin: Springer, 2002

[4] BURDIGE D J. Preservation of organic matter in marine sediments: controls, mechanisms, and an imbalance in sediment organic carbon budgets? [J]. ChemInform, 2007, 38(20): 467-485.

[5] 冯晓萍,蔡进功.沉积物的颗粒大小与所含有机质关系的研究进展[J].海洋地质与第四纪地质,2010,30(6):141-148.

[6] 曹婷婷,徐思煌,周炼,等.高演化海相烃源岩元素地球化学评价:以四川南江杨坝地区下寒武统为例[J].地球科学,2014,39(2):199-209.

[7] 张水昌,张宝民,边立曾,等.中国海相烃源岩发育控制因素[J].地学前缘,2005,12(3):39-48.

[8] KENNEDY M J, WAGNER T. Clay mineral continental amplifier for marine carbon sequestration in a greenhouse ocean [J]. Proceedings of the National Academy of Sciences of the United States of America, 2011, 108(24): 9776-9781.

[9] DEMAISON G J, MOORE G T. Anoxic environments and oil source bed genesis [J]. Organic geochemistry, 1980, 2 (1): 9-31.

[10] TYSON R V, PEARSON T H. Modern and ancient continental shelf anoxia: an overview [J]. Geological society, London, special publications, 1991, 58(1): 1-24.

[11] BURDIGE D J. Data report: dissolved carbohydrates in interstitial waters from the equatorial Pacific and Peru margin, ODP leg 201 [M]//Proceedings of the Ocean Drilling Program, 201 Scientific Results, Ocean Drilling Program, 2006: 1-10.

[12] VAN DE VELDE S, MILLS B J W, MEYSMAN F J R, et al. Early Palaeozoic Ocean anoxia and global warming driven by the evolution of shallow burrowing [J]. Nature communications, 2018, 9: 2554.

[13] PARRISH J T. Upwelling and petroleum source beds, with reference to Paleozoic [J]. AAPG bulletin, 1982, 66: 750-774.

[14] PEDERSEN T F, CALVERT S E. Anoxia vs. productivity: what controls the formation of organic-carbon-rich sediments and sedimentary rocks? [J]. AAPG bulletin, 1990, 74: 454-466.

[15] HUC A Y, BERTRAND P, STOW D A V. Abstract: Depositional processes of source rocks in deep offshore settings:

quaternary analogs[C]// Annual Meeting Expanded Abstracts — American Association of Petroleum Geologists, 2000:70.

[16] 李红敬,解习农,周炼,等.扬子地区二叠系硅质岩成因分析及沉积环境研究[J].石油实验地质,2009,31(6):564-569.

[17] 雷勇,冯庆来,桂碧雯.安徽巢湖平顶山剖面上二叠统大隆组有机质富集的地球生物学模式[J].古地理学报,2010,12(2):202-211.

[18] 李牛,胡超涌,马仲武,等.四川广元上寺剖面上二叠统大隆组优质烃源岩发育主控因素初探[J].古地理学报,2011,13(3):347-354.

[19] HARVEY H R,TUTTLE J H,BELL J T. Kinetics of phytoplankton decay during simulated sedimentation: changes in biochemical composition and microbial activity under oxic and anoxic conditions[J]. Organic geochemistry, 1995, 59(16): 3367-3377.

[20] EMERSON S,HEDGES J I. Processes controlling the organic carbon content of open ocean sediments[J]. Paleoceanography,1988,3(5):621-634.

[21] RIMMER S M. Geochemical paleoredox indicators in Devonian-Mississippian black shales, Central Appalachian Basin (USA)[J]. Chemical geology,2004,206(3/4):373-391.

[22] CALVERT S E,BUSTIN R M,INGALL E D. Influence of water column anoxia and sediment supply on the burial and preservation of organic carbon in marine shales[J]. Geochimica et cosmochimica acta,1996,60(9):1577-1593.

[23] SOBEK S,DURISCH-KAISER E,ZURBRÜGG R,et al. Or-

ganic carbon burial efficiency in lake sediments controlled by oxygen exposure time and sediment source[J]. Limnology and oceanography,2009,54(6):2243-2254.

[24] KENNEDY M J,PEVEAR D R,HILL R J. Mineral surface control of organic carbon in black shale[J]. Science,2002,295(5555):657-660.

[25] HEDGES J I. Sedimentary organic matter preservation;a test for selective degradation under oxic conditions[J]. American journal of science,1999,299(7/8/9):529-555.

[26] MIDDELBURG J J,MEYSMAN F J R. Burial at sea[J]. Science,2007,316(5829):1294-1295.

[27] ARNARSON T S,KEIL R G. Organic-mineral interactions in marine sediments studied using density fractionation and X-ray photoelectron spectroscopy[J]. Organic geochemistry,2001,32(12):1401-1415.

[28] MAYER L M. Surface area control of organic carbon accumulation in continental shelf sediments[J]. Geochimica et Cosmochimica Acta,1994,58(4):1271-1284.

[29] VAN NUGTEREN P,HERMAN P M J,MOODLEY L,et al. Spatial distribution of detrital resources determines the outcome of competition between bacteria and a facultative detritivorous worm[J]. Limnology and oceanography,2009,54(5):1413-1419.

[30] MOODLEY L,MIDDELBURG J J,SOETAERT K,et al. Similar rapid response to phytodetritus deposition in shallow and deep-sea sediments[J]. Journal of marine research,2005,63(2):457-469.

[31] CANFIELD D E, POULTON S W, NARBONNE G M. Late-neoproterozoic deep-ocean oxygenation and the rise of animal life[J]. Science, 2007, 315(5808): 92-95.

[32] CANFIELD D E, POULTON S W, KNOLL A H, et al. Ferruginous conditions dominated later neoproterozoic deep-water chemistry[J]. Science, 2008, 321(5891): 949-952.

[33] MCFADDEN K A, HUANG J, CHU X L, et al. Pulsed oxidation and biological evolution in the Ediacaran Doushantuo Formation[J]. Proceedings of the National Academy of Sciences of the United States of America, 2008, 105 (9): 3197-3202.

[34] HALVERSON G P, HURTGEN M T, PORTER S M, et al. Chapter 10 neoproterozoic-Cambrian biogeochemical evolution [M]//Neoproterozoic-Cambrian Tectonics, Global Change And Evolution: A Focus On South Western Gondwana. Amsterdam: Elsevier, 2009: 351-365.

[35] JIANG G, WANG X, SHI X, et al. Organic carbon isotope constraints on the dissolved organic carbon (DOC) reservoir at the Cryogenian-Ediacaran transition[J]. Earth and planetary science letters, 2010, 299(1/2): 159-168.

[36] CAMPBELL I H, SQUIRE R J. The mountains that triggered the late neoproterozoic increase in oxygen: the second great oxidation event[J]. Geochimica et cosmochimica acta, 2010, 74(15): 4187-4206.

[37] SHIELDS-ZHOU G, OCH L. The case for a Neoproterozoic Oxygenation Event: geochemical evidence and biological consequences[J]. GSA today, 2011, 21(3): 4-11.

[38] CLOUD P. A working model of the primitive Earth[J]. American journal of science, 1972, 272(6): 537-548.

[39] CANFIELD D E. The early history of atmospheric oxygen: homage to Robert m. garrels[J]. Annual review of earth and planetary sciences, 2005, 33: 1-36.

[40] JOHNSTON D T, WOLFE-SIMON F, PEARSON A, et al. Anoxygenic photosynthesis modulated Proterozoic oxygen and sustained Earth's middle age[J]. Proceedings of the National Academy of Sciences of the United States of America, 2009, 106(40): 16925-16929.

[41] CHANG Y, QI Y, ZHENG W, et al. Assemblages and controlling factors of the Cambrian stromatolites in Dengfeng, Henan Province[J]. Acta micropalaeontologica sinica, 2012, 29: 341-351.

[42] WANG L, SHI X Y, JIANG G Q. Pyrite morphology and redox fluctuations recorded in the Ediacaran Doushantuo Formation[J]. Palaeogeography, palaeoclimatology, palaeoecology, 2012, 333/334: 218-227.

[43] FIKE D A, GROTZINGER J P, PRATT L M, et al. Oxidation of the Ediacaran Ocean[J]. Nature, 2006, 444(7120): 744-747.

[44] SHEN B, DONG L, XIAO S H, et al. The Avalon explosion: evolution of Ediacara morphospace[J]. Science, 2008, 319(5859): 81-84.

[45] JIANG S Y, PI D H, HEUBECK C, et al. Early Cambrian Ocean anoxia in South China[J]. Nature, 2009, 459(7248): E5-E6.

[46] HUGHES N, PENG S C. On a new species of Shergoldia Zhang & Jell, 1987 (Trilobita), the family Tsinaniidae and the order Asaphida[J]. Memoirs of the association of Australasian palaeontologists, 2007, 34: 243-245.

[47] LI C, LOVE G D, LYONS T W, et al. A stratified redox model for the Ediacaran Ocean[J]. Science, 2010, 328(5974): 80-83.

[48] KUMP L R, ARTHUR M A. Interpreting carbon-isotope excursions: carbonates and organic matter[J]. Chemical geology, 1999, 161(1/2/3): 181-198.

[49] CONDON D, ZHU M Y, BOWRING S, et al. U-Pb ages from the neoproterozoic Doushantuo formation, China[J]. Science, 2005, 308(5718): 95-98.

[50] HALVERSON G P, HOFFMAN P F, SCHRAG D P, et al. Toward a Neoproterozoic composite carbon-isotope record [J]. Geological society of America Bulletin, 2005, 117 (9): 1181.

[51] MISI A, VEIZER J. Neoproterozoic carbonate sequences of the Una Group, Irecê Basin, Brazil: chemostratigraphy, age and correlations[J]. Precambrian research, 1998, 89(1/2): 87-100.

[52] BURNS S, MATTER A. Carbon isotopic record of latest Proterozoic from Oman [J]. Eclogae geologicae helvetiae, 1993, 86(2): 595-607.

[53] LE GUERROUÉ E, ALLEN P A, COZZI A, et al. 50 Myr recovery from the largest negative $\delta^{13}C$ excursion in the Ediacaran Ocean[J]. Terra mova, 2006, 18(2): 147-153.

[54] GROTZINGER J P,FIKE D A,FISCHER W W. Enigmatic origin of the largest-known carbon isotope excursion in Earth's history[J]. Nature geoscience,2011,4(5):285-292.

[55] CALVER C R. Isotope stratigraphy of the Ediacarian (Neoproterozoic III) of the Adelaide Rift Complex,Australia,and the overprint of water column stratification[J]. Precambrian research,2000,100(1/2/3):121-150.

[56] POKROVSKII B G,MELEZHIK V A,BUJAKAITE M I. Carbon,oxygen,strontium,and sulfur isotopic compositions in late Precambrian rocks of the Patom Complex,central Siberia:communication 1. results,isotope stratigraphy,and dating problems[J]. Lithology and mineral resources,2006,41(5):450-474.

[57] MELEZHIK V A,POKROVSKY B G,FALLICK A E,et al. Constraints on 87 of Late Ediacaran seawater:insight from Siberian high-Sr limestones[J]. Journal of the geological society,2009,166(1):183-191.

[58] LE GUERROUE E. Duration and synchroneity of the largest negative carbon isotope excursion on earth:the Shuram/Wonoka anomaly[J]. Comptes rendus geoscience,2010,342(3):204-214.

[59] HOFFMAN P F,KAUFMAN A J,HALVERSON G P,et al. A neoproterozoic snowball earth[J]. Science,1998,281(5381):1342-1346.

[60] HOFFMAN P F,SCHRAG D P. The snowball Earth hypothesis:testing the limits of global change[J]. Terra nova,2002,14(3):129-155.

[61] ROTHMAN D H, HAYES J M, SUMMONS R E. Dynamics of the Neoproterozoic carbon cycle[J]. Proceedings of the National Academy of Sciences of the United States of America, 2003, 100(14): 8124-8129.

[62] JIANG G Q, WANG X, SHI X, et al. The origin of decoupled carbonate and organic carbon isotope signatures in the early Cambrian (ca. 542-520 Ma) Yangtze platform[J]. Earth and planetary science letters, 2012, 317/318: 96-110.

[63] 储雪蕾. 埃迪卡拉纪海洋的碳循环[C]//中国古生物学会第十一次全国会员代表大会暨第27届学术年会, 2013: 12-13.

[64] SHIELDS G A, DEYNOUX M, CULVER S J, et al. Neoproterozoic glaciomarine and cap dolostone facies of the southwestern Taoudéni Basin (Walidiala Valley, Senegal/Guinea, NW Africa)[J]. Comptes rendus geoscience, 2007, 339(3/4): 186-199.

[65] RIES J B, FIKE D A, PRATT L M, et al. Superheavy pyrite (34Spyr > 34SCAS) in the terminal Proterozoic Nama Group, southern Namibia: a consequence of low seawater sulfate at the dawn of animal life[J]. Geology, 2009, 37(8): 743-746.

[66] SHU D G, MORRIS S C, HAN J, et al. Primitive deuterostomes from the Chengjiang lagerstätte (lower Cambrian, China)[J]. Nature, 2001, 414(6862): 419-424.

[67] MARSHALL C R. Explaining the Cambrian "explosion" of animals[J]. Annual review of earth and planetary sciences, 2006, 34: 355-384.

[68] SCHRÖDER S, GROTZINGER J P. Evidence for anoxia at

the Ediacaran-Cambrian boundary: the record of redox-sensitive trace elements and rare earth elements in Oman[J]. Journal of the geological society, 2007, 164(1): 175-187.

[69] FREI R, GAUCHER C, POULTON S W, et al. Fluctuations in Precambrian atmospheric oxygenation recorded by chromium isotopes[J]. Nature, 2009, 461(7261): 250-253.

[70] WALTER M R, VEEVERS J J, CALVER C R, et al. Dating the 840-544 Ma Neoproterozoic interval by isotopes of strontium, carbon, and sulfur in seawater, and some interpretative models [J]. Precambrian research, 2000, 100 (1/2/3): 371-433.

[71] KIMURA H, WATANABE Y. Oceanic anoxia at the Precambrian-Cambrian boundary [J]. Geology, 2001, 29 (11): 995.

[72] NARBONNE G M, KAUFMAN A J, KNOLL A H. Integrated chemostratigraphy and biostratigraphy of the Windermere Supergroup, northwestern Canada: implications for Neoproterozoic correlations and the early evolution of animals[J]. Geological society of America Bulletin, 1994, 106 (10): 1281-1292.

[73] GROTZINGER J P, BOWRING S A, SAYLOR B Z, et al. Biostratigraphic and geochronologic constraints on early animal evolution[J]. Science, 1995, 270(5236): 598-604.

[74] AMTHOR J E, GROTZINGER J P, SCHRODER S, et al. Extinction of cloudina and namacalathus at the Precambrian-Cambrian boundary in Oman[J]. Geology, 2003, 31 (5): 431-434.

[75] SCHRÖDER S, SCHREIBER B C, AMTHOR J E, et al. Stratigraphy and environmental conditions of the terminal Neoproterozoic-Cambrian Period in Oman: evidence from sulphur isotopes[J]. Journal of the geological society, 2004, 161(3): 489-499.

[76] LOGAN G A, HAYES J M, HIESHIMA G B, et al. Terminal Proterozoic reorganization of biogeochemical cycles[J]. Nature, 1995, 376(6535): 53-56.

[77] KNOLL A H, BAMBACH R K, CANFIELD D E, et al. Comparative earth history and Late Permian mass extinction[J]. Science, 1996, 273(5274): 452-457.

[78] KAUFMAN A J, KNOLL A H, NARBONNE G M. Isotopes, ice ages, and terminal Proterozoic earth history[J]. Proceedings of the National Academy of Sciences of the United States of America, 1997, 94(13): 6600-6605.

[79] KIMURA H, MATSUMOTO R, KAKUWA Y, et al. The Vendian-Cambrian $\delta^{13}C$ record, North Iran: evidence for overturning of the ocean before the Cambrian Explosion[J]. Earth and planetary science letters, 1997, 147(1/2/3/4): E1-E7.

[80] BARTLEY J, POPE M, KNOLL A, et al. A Vendian - Cambrian boundary succession from the northwestern margin of the Siberian Platform: stratigraphy, palaeontology, chemostratigraphy and correlation[J]. Geological magazine, 1998, 135: 473-494.

[81] LOTT D A, COVENEY R M, MUROWCHICK J B, et al. Sedimentary exhalative nickel-molybdenum ores in South

China[J]. Economic geology,1999,94(7):1051-1066.

[82] STEINER M, WALLIS E, ERDMANN B D, et al. Submarine-hydrothermal exhalative ore layers in black shales from South China and associated fossils—insights into a Lower Cambrian facies and bio-evolution [J]. Palaeogeography, palaeoclimatology, palaeoecology, 2001, 169(3/4):165-191.

[83] JIANG G Q, SHI X Y, ZHANG S H. Methane seeps, methane hydrate destabilization, and the late Neoproterozoic postglacial cap carbonates[J]. Chinese science bulletin, 2006, 51(10):1152-1173.

[84] CHEN D Z, WANG J G, QING H R, et al. Hydrothermal venting activities in the Early Cambrian, South China: Petrological, geochronological and stable isotopic constraints[J]. Chemical geology, 2009, 258(3/4):168-181.

[85] XU L G, LEHMANN B, MAO J W, et al. Mo isotope and trace element patterns of Lower Cambrian black shales in South China: multi-proxy constraints on the paleoenvironment[J]. Chemical geology, 2012, 318/319:45-59.

[86] 姜月华,岳文浙,业治铮. 华南下古生界缺氧事件与黑色页岩及有关矿产[J]. 矿产勘查,1994(5):272-278.

[87] XIAO S H, HU J, YUAN X L, et al. Articulated sponges from the Lower Cambrian Hetang Formation in southern Anhui, South China: their age and implications for the early evolution of sponges[J]. Palaeogeography, palaeoclimatology, palaeoecology, 2005, 220(1/2):89-117.

[88] SHU D G, ZHANG X L, GEYER G. Anatomy and systematic affinities of the lower Cambrian bivalved arthropodIsoxys

auritus[J]. Alcheringa: an Australasian journal of palaeontology, 1995, 19(4): 333-342.

[89] MORRIS S C. Burgess shale faunas and the Cambrian explosion[J]. Science, 1989, 246(4928): 339-346.

[90] DORNBOS S Q, BOTTJER D J, CHEN J Y. Paleoecology of benthic metazoans in the Early Cambrian Maotianshan Shale biota and the Middle Cambrian Burgess Shale biota: evidence for the Cambrian substrate revolution[J]. Palaeogeography, palaeoclimatology, palaeoecology, 2003, 220(1): 47-67.

[91] PECOITS E, KONHAUSER K O, AUBET N R, et al. Bilaterian burrows and grazing behavior at >585 million years ago [J]. Science, 2012, 336(6089): 1693-1696.

[92] SEILACHER A. Biomat-related lifestyles in the Precambrian [J]. Palaios, 1999, 14(1): 86.

[93] STEINER M, REITNER J. Evidence of organic structures in Ediacara-type fossils and associated microbial mats[J]. Geology, 2001, 29(12): 1119.

[94] BRIGGS D E G. The role of decay and mineralization in the preservation of soft-bodied fossils[J]. Annual review of earth and planetary sciences, 2003, 31: 275-301.

[95] DALRYMPLE R W, NARBONNE G M. Continental slope sedimentation in the sheepbed formation (neoproterozoic, Windermere supergroup), Mackenzie mountains, N. W. T [J]. Canadian journal of earth sciences, 1996, 33(6): 848-862.

[96] MACNAUGHTON R B, NARBONNE G M, DALRYMPLE R W. Neoproterozoic slope deposits, Mackenzie Mountains, northwestern Canada: implications for passive-margin devel-

opment and Ediacaran faunal ecology[J]. Canadian journal of earth sciences, 2000, 37(7): 997-1020.

[97] WOOD D A, DALRYMPLE R W, NARBONNE G M, et al. Paleoenvironmental analysis of the late Neoproterozoic Mistaken Point and Trepassey formations, southeastern Newfoundland[J]. Canadian journal of earth sciences, 2003, 40(10): 1375-1391.

[98] GLAESSNER M F. Trace fossils from the Precambrian and basal Cambrian[J]. Lethaia, 1969, 2(4): 369-393.

[99] GLAESSNER M F. The dawn of animal life: a biohistorical study[M]. New York: Cambridge University Press, 1984.

[100] SEILACHER A. Late Precambrian and early Cambrian Metazoa: preservational or real extinctions? [M]//Patterns of Change in Earth Evolution. Berlin, Heidelberg: Springer Berlin Heidelberg, 1984: 159-168.

[101] SEILACHER A. Vendozoa: organismic construction in the Proterozoic biosphere[J]. Lethaia, 1989, 22(3): 229-239.

[102] SEILACHER A. Vendobionta and Psammocorallia: lost constructions of Precambrian evolution[J]. Journal of the geological society, 1992, 149(4): 607-613.

[103] ZHURAVLEV A. Were the Ediacaran vendobionta multicellulars? [J]. Neues jahrbuch für geologie und paläontologie - abhandlungen, 1993, 190: 299-314.

[104] RETALLACK G J. Were the Ediacaran fossils lichens? [J]. Paleobiology, 1994, 20(4): 523-544.

[105] MC MENAMIN M A S. The Garden of ediacara: discovering the first complex life[M]. New York: Columbia Uni-

versity Press,1998.

[106] PETERSON K J, WAGGONER B, HAGADORN J W. A fungal analog for Newfoundland Ediacaran fossils? [J]. Integrative and comparative biology,2003,43(1):127-136.

[107] KNOLL A H, CARROLL S B. Early animal evolution: emerging views from comparative biology and geology[J]. Science,1999,284(5423):2129-2137.

[108] NARBONNE G M. THE EDIACARA BIOTA: neoproterozoic origin of animals and their ecosystems[J]. Annual review of earth and planetary sciences,2005,33:421-442.

[109] VANNIER J. Early cambrian origin of complex marine ecosystems[M]//Deep time perspectives on climate change, geological society. London: Cambridge University Press, 2008:81-100.

[110] SHU D G, ISOZAKI Y, ZHANG X L, et al. Birth and early evolution of metazoans[J]. Gondwana research, 2014, 25(3):884-895.

[111] YUAN X L, CHEN Z, XIAO S H, et al. An early Ediacaran assemblage of macroscopic and morphologically differentiated eukaryotes[J]. Nature,2011,470(7334):390-393.

[112] ZHU M Y, GEHLING J G, XIAO S H, et al. Eight-armed Ediacara fossil preserved in contrasting taphonomic windows from China and Australia[J]. Geology,2008,36(11):867.

[113] TANG F, BENGTSON S, WANG Y, et al. Eoandromeda and the origin of Ctenophora[J]. Evolution & development,2011,13(5):408-414.

[114] XIAO S H,YUAN X L,KNOLL A H. Eumetazoan fossils in terminal Proterozoic phosphorites? [J]. Proceedings of the National Academy of Sciences of the United States of America,2000,97(25):13684-13689.

[115] CHEN J Y,BOTTJER D J,OLIVERI P,et al. Small bilaterian fossils from 40 to 55 million years before the Cambrian [J]. Science,2004,305(5681):218-222.

[116] BAILEY J V,JOYE S B,KALANETRA K M,et al. Evidence of giant sulphur bacteria in Neoproterozoic phosphorites[J]. Nature,2007,445(7124):198-201.

[117] XIAO S H,LAFLAMME M. On the eve of animal radiation:phylogeny,ecology and evolution of the Ediacara biota [J]. Trends in ecology & evolution,2009,24(1):31-40.

[118] BUTTERFIELD N J. Animals and the invention of the Phanerozoic Earth system[J]. Trends in ecology & evolution,2011,26(2):81-87.

[119] HULDTGREN T,CUNNINGHAM J A,YIN C Y,et al. Fossilized nuclei and germination structures identify Ediacaran "animal embryos" as encysting protists[J]. Science, 2011,334(6063):1696-1699.

[120] YIN J C,DING L F,HE T G,et al. The Palaeontology and sedimentary environment of the sinian system in Emei-Ganuluo area, Sichuan[R]. Chengdu:Geological college of Chengdu, 1980.

[121] YI Q,BENGTSON S. Palaeontology and biostratigraphy of the early Cambrian meishucunian stage in Yunnan Province,South China[R]. Fossils & Strata,1989.

[122] MISSARZHEVSKY V V, TATARINOV L P. Conodonts and phosphatic problematica from the Cambrian of Mongolia and Siberia[J]. Trudy Sovmestanya Sovetsko-Mongolskaya Paleontologicheskaya Ekspeditsiya, 1977,5:10-19.

[123] VORONIN Y I, VORONOVA L G, GRIGORIEVA N V, et al. Granitsa dokembriya i kembriya v geosinklinal'nykh rayonakh (opornyy razrez Salany-Gol, Mongol'skaya narodnaya respublika)[The Precambrian/Cambrian boundary in the Geosynclinal Areas (Reference Section of Salany-Gol, Mongolian People's Republic)][J]. Transactions, 1982, 18:1-150.

[124] ESAKOVA N V, ZHENGALLO E A. Biostratigraphy and fauna of the lower Cambrian of Mongolia[J]. Trudy, Sovmestnaya Rossiysko-Mongol' skaya Paleontologicheskaya Ekspeditsiya, 1996, 46: 214.

[125] ESAKOVA N V, ZHEGALLO E A. Biostratigraphy and fauna of the lower Cambrian of Mongolia[J]. Trudy, Sovmestnaya Rossiysko-Mongol' skaya Paleontologicheskaya Ekspeditsiya, 1996, 46: 214.

[126] BISCHOFF G C O. Dailyatia, a new genus of the Tommotiidae from Cambrian strata of SE Australia (Crustacea, Cirripedia)[J]. Senckenbergiana lethaea,1976,57(1):1-33.

[127] LAURIE J R. Phosphatic fauna of the Early Cambrian Todd River Dolomite, Amadeus Basin, central Australia[J]. Alcheringa:an Australasian journal of palaeontology,1986,10(4):431-454. [LinkOut]

[128] BENGTSON S, MORRIS S, COOPER B, et al. Early Cam-

brian shelly fossils from south Australia[J]. Memoirs of the association of Australasian palaeontologists, 1990, 9:364.

[129] BROCK G A, COOPER B J. Shelly fossils from the early Cambrian (toyonian) wirrealpa, aroona creek, and Ramsay limestones of south Australia[J]. Journal of paleontology, 1993, 67(5):758-787.

[130] GRAVESTOCK D I, ALEXANDER E M, DEMIDENKO Y E, et al. The Cambrian biostratigraphy of the Stansbury Basin, South Australia[J]. Russian academy of science, 2001: 344.

[131] RYSZARD W. Early Cambrian molluscs from glacial erratics of King George Island, west Antarctica[J]. Polish Polar Research, 2003, 24(3/4):181-216.

[132] WRONA R. Early Cambrian molluscs from glacial erratics of King George Island, west Antarctica[J]. Acta palaeontologica polonica, 2003, 49:13-56.

[133] OKADA Y, SAWAKI Y, KOMIYA T, et al. New chronological constraints for Cryogenian to Cambrian rocks in the Three Gorges, Weng'an and Chengjiang areas, South China [J]. Gondwana research, 2014, 25(3):1027-1044.

[134] CONWAY M S. Significance of early shells[J]. Palaeobiology II, blackwell science, 2001:31-40.

[135] JEAN V. L'Explosion cambrienne ou l'émergence des écosystèmes modernes[J]. Comptes rendus palevol, 2009, 8 (2/3):133-154.

[136] BRASIER M D. Paleoceanography and changes in the bio-

logical cycling of phosphorus across the Precambrian—Cambrian boundary[M]//Topics in Geobiology. Boston, MA:Springer US,1992:483-523.

[137] LI G X,STEINER M,ZHU X J,et al. Early Cambrian metazoan fossil record of South China:generic diversity and radiation patterns[J]. Palaeogeography, palaeoclimatology, palaeoecology,2007,254(1/2):229-249.

[138] MALOOF A C,RAMEZANI J,BOWRING S A,et al. Constraints on early Cambrian carbon cycling from the duration of the Nemakit-Daldynian-Tommotian boundary $\delta^{13}C$ shift,Morocco[J]. Geology,2010,38(7):623-626.

[139] QIAN Y. Taxonomy and biostratigraphy of small shelly fossils in China[M]. Beijing: Science Press,1999: 247.

[140] CHEN J Y. The dawn of animal world[M]. Nanjing:Jiangsu Scientific Press,2004 :343.

[141] HOU X G,SIVETER D J,SIVETER D J,et al. The Cambrian fossils of Chengjiang, China [M]. Hoboken: Wiley,2017.

[142] HU S X. Taphonomy and palaeoecology of the early Cambrian Chengjiang biota from eastern Yunnan, China[J]. Berliner paläebiologische abhandlungen,2005,7: 1-197.

[143] VANNIER J,CHEN J. Early Cambrian food chain:new evidence from fossil aggregates in the Maotianshan shale biota,SW China[J]. Palaios,2005,20(1):3-26.

[144] 郭俊锋.湖北宜昌早寒武世岩家河生物群研究[D].西安:西北大学,2009.

[145] ZHANG X L, HUA H. Soft-bodied fossils from the Shipai

formation, lower Cambrian of the three gorge area, South China[J]. Geological magazine, 2005, 142(6): 699-709.

[146] 刘琦,胡世学,张泽,等. 湖北中部寒武纪早期石龙洞组布尔吉斯页岩型生物群的发现[J]. 古生物学报,2010,49(3): 389-397.

[147] 张文堂. 湖北西部下寒武纪的三叶虫[J]. 古生物学报,1953, 1(3): 121-149.

[148] 钱逸. 华中西南区早寒武世梅树村阶的软舌螺纲及其它化石[J]. 古生物学报, 1977,16(2): 255-275.

[149] YUAN K X, ZHANG S G. Lower Cambrian archaeocyathid assemblages of central and southwestern China[M]//Geological society of America special papers. Geological society of America, 1981: 39-54.

[150] 陈平. 湖北宜昌计家坡下寒武统底部小壳化石的发现及其意义[J]. 地层古生物论文集,1984(13): 49-64.

[151] BUTTERFIELD N J. Plankton ecology and the Proterozoic-Phanerozoic transition [J]. Paleobiology, 1997, 23 (2): 247-262.

[152] SERVAIS T, EISERHARDT K H. A discussion and proposals concerning the lower Paleozoic "Galeate"; acritarch plexus[J]. Palynology, 1995, 19(1): 191-210.

[153] ZHANG X, SHU D, HAN J, et al. Triggers for the Cambrian explosion: hypotheses and problems[J]. Gondwana research, 2014, 25(3): 896-909.

[154] NOWAK H, SERVAIS T, MONNET C, et al Phytoplankton dynamics from the Cambrian explosion to the onset of the Great Ordovician Biodiversification Event: a review of

Cambrian acritarch diversity[J]. Earth-science reviews, 2015,151:117-131.

[155] HUNT W J,ZUKOSKI C F. Rheology and microstructure of mixtures of colloidal particles[J]. Langmuir,1996,12(26):6257-6262.

[156] 李建国,DAVID J BATTEN. 孢粉相:原理及方法[J]. 古生物学报,2005,44(1):138-156.

[157] COUTRIS C,MACKEN A L,COLLINS A R,et al. Marine ecotoxicity of nitramines, transformation products of amine-based carbon capture technology[J]. Science of the total environment,2015,527/528:211-219.

[158] BROOKS S J,HARMAN C,HULTMAN M T,et al. Integrated biomarker assessment of the effects of tailing discharges from an iron ore mine using blue mussels (Mytilus spp.)[J]. Science of the total environment,2015,524/525:104-114.

[159] CIRILLI S,BURATTI N,GUGLIOTTI L,et al. Palynostratigraphy and palynofacies of the Upper Triassic Streppenosa Formation (SE Sicily,Italy) and inference on the main controlling factors in the organic rich shale deposition[J]. Review of palaeobotany and palynology,2015,218:67-79.

[160] 谢树成,殷鸿福,解习农,等. 地球生物学方法与海相优质烃源岩形成过程的正演和评价[J]. 地球科学,2007,32(6):727-740.

[161] 殷鸿福,谢树成,颜佳新,等. 海相碳酸盐烃源岩评价的地球生物学方法[J]. 中国科学(地球科学),2011,41(7):895-909.

[162] 秦建中，付小东，申宝剑，等，四川盆地上二叠统海相优质页岩超显微有机岩石学特征研究[J]. 石油实验地质，2010(2)：164-170.

[163] ALLDREDGE A L，SILVER M W. Characteristics，dynamics and significance of marine snow[J]. Progress in oceanography，1988，20(1)：41-82.

[164] FLEMMING H C，NEU T R，WOZNIAK D J. The EPS matrix：the house of biofilm cells[J]. Journal of bacteriology，2007，189(22)：7945-7947.

[165] VERDUGO P，SANTSCHI P H. Polymer dynamics of DOC networks and gel formation in seawater[J]. Deep sea research part II：topical studies in oceanography，2010，57(16)：1486-1493.

[166] NGUYEN R T，HARVEY H R. Preservation of protein in marine systems：hydrophobic and other noncovalent associations as major stabilizing forces[J]. Geochimica et cosmochimica acta，2001，65(9)：1467-1480.

[167] NGUYEN R T，HARVEY H R. Preservation via macromolecular associations during Botryococcus braunii decay：proteins in the Pula Kerogen[J]. Organic geochemistry，2003，34(10)：1391-1403.

[168] BATTEN D J. Identification of amorphous sedimentary organic matter by transmitted light microscopy[J]. Geological society，London，special publications，1983，12(1)：275-287.

[169] BATTEN D J. Palynofacies and palaeoenvironm en talin terp retation[J]. Palynology：principles and applications. 1996，

3:1011-1064.

[170] 李中乔.不同典型体系中陆源有机质的分布及影响因素[D].上海:华东师范大学,2015.

[171] HEDGES J I,KEIL R G,BENNER R. What happens to terrestrial organic matter in the ocean? [J]. Organic geochemistry,1997,27(5/6):195-212.

[172] GÉLINAS Y,PRENTICE K M,BALDOCK J A,et al. An improved thermal oxidation method for the quantification of soot/graphitic black carbon in sediments and soils[J]. Environmental science & technology, 2001, 35 (17): 3519-3525.

[173] TEGELAAR E W,DE LEEUW J W,DERENNE S,et al. A reappraisal of kerogen formation[J]. Geochimica et eosmochimica acta,1989,53(11):3103-3106.

[174] VERDUGO P,ALLDREDGE A L,AZAM F,et al. The oceanic gel phase:a bridge in the DOM-POM continuum[J]. Marine chemistry,2004,92(1/2/3/4):67-85.

[175] MECOZZI M,ACQUISTUCCI R,DI NOTO V,et al. Characterization of mucilage aggregates in Adriatic and Tyrrhenian Sea:structure similarities between mucilage samples and the insoluble fractions of marine humic substance[J]. Chemosphere,2001,44(4):709-720.

[176] CIGLENCKI I,COSOVIC B,VOJVODIC V,et al. The role of reduced sulfur species in the coalescence of polysaccharides in the Adriatic Sea[J]. Marine chemistry,2000,71(3/4):233-249.

[177] INGALLS A E,LEE C,WAKEHAM S G,et al. The role of

biominerals in the sinking flux and preservation of amino acids in the Southern Ocean along 170°W[J]. Deep sea research part II: topical studies in oceanography, 2003, 50 (3/4):713-738.

[178] PARKES R J, CRAGG B A, GETLIFF J M. A quantitative study of microbial decomposition of biopolymers in Recent sediments from the Peru Margin[J]. Marine geology, 1993, 113(1/2):55-66.

[179] PEDERSEN A G U, THOMSEN T R, LOMSTEIN B A, et al. Bacterial influence on amino acid enantiomerization in a coastal marine sediment[J]. Limnology and oceanography, 2001, 46(6):1358-1369.

[180] GRUTTERS M, VAN RAAPHORST W, EPPING E, et al. Preservation of amino acids from in situ-produced bacterial cell wall peptidoglycans in northeastern Atlantic continental margin sediments[J]. Limnology and oceanography, 2002, 47(5):1521-1524.

[181] LOMSTEIN B A, JØRGENSEN B B, SCHUBERT C J, et al. Amino acid biogeo- and stereochemistry in coastal Chilean sediments[J]. Geochimica et cosmochimica acta, 2006, 70(12):2970-2989.

[182] 邢裕盛. 云南昆明附近震旦纪及早寒武世微古植物群及其地层意义[J]. 地质学报, 1982(1):42-50, 92-93.

[183] 尹凤娟, 薛祥煦. 早寒武世疑源类的古生物地理学意义[J]. 西北大学学报(自然科学版), 2002, 32(2):177-180.

[184] MOCZYDLOWSKA M, ZANG W. The early cambrian acritarch skiagia and its significance for global correlation[J].

Palaeoworld,2006,15(3/4):328-347.

[185] 尹磊明.陕西宁强宽川铺组微体植物化石新资料[J].古生物学报,1987(2):187-195,245-246.

[186] 胡杰.桂东北较深水相前寒武纪-寒武纪之交的硅质微生物岩[J].微体古生物学报,2008,25(3):291-305.

[187] 郭俊锋.湖北宜昌早寒武世岩家河生物群研究[D].西安:西北大学,2009.

[188] 郭俊锋,李勇,舒德干.湖北三峡地区纽芬兰统岩家河组的宏体藻类化石[J].古生物学报,2010,49(3):336-342.

[189] BHATTACHARYA S, DUTTA S. Neoproterozoic-Early Cambrian biota and ancient niche:a synthesis from molecular markers and palynomorphs from Bikaner-Nagaur Basin, western India[J]. Precambrian research, 2015, 266:361-374.

[190] MOCZYDLOWSKA M, WILLMAN S. Ultrastructure of cell walls in ancient microfossils as a proxy to their biological affinities[J]. Precambrian research,2009,173(1/2/3/4):27-38.

[191] PETERSON K J,BUTTERFIELD N J. Origin of the Eumetazoa:testing ecological predictions of molecular clocks against the Proterozoic fossil record[J]. Proceedings of the National Academy of Sciences of the United States of America,2005,102(27):9547-9552.

[192] BUTTERFIELD N J. Macroevolution and macroecology through deep time[J]. Palaeontology,2007,50(1):41-55.

[193] JIN C,LI C,ALGEO T J,et al. A highly redox-heterogeneous ocean in South China during the early Cambrian

(~529-514 Ma):implications for biota-environment co-evolution[J]. Earth and planetary science letters,2016,441:38-51.

[194] BUTTERFIELD N J. Animals and the invention of the Phanerozoic Earth system[J]. Trends in Ecology & Evolution,2011,26(2):81-87.

[195] ISHIKAWA T,UENO Y,KOMIYA T,et al. Carbon isotope chemostratigraphy of a Precambrian/Cambrian boundary section in the Three Gorge area, South China: prominent global-scale isotope excursions just before the Cambrian Explosion [J]. Gondwana research, 2008, 14(1/2):193-208.

[196] CREMONESE L,SHIELDS Z G,STURCK U,et al. Marine biogeochemical cycling during the early Cambrian constrained by a nitrogen and organic carbon isotope study of the Xiaotan section, South China [J]. Precambrian research,2013,225:148-165.

[197] DEBRENNE F,ZHURAVLEV A Y. Cambrian food web:a brief review[J]. Geobios,1997,30:181-188.

[198] BUTTERFIELD N J. Modes of pre-Ediacaran multicellularity [J]. Precambrian research, 2009, 173 (1/2/3/4): 201-211.

[199] BUTTERFIELD N J. Oxygen,animals and aquatic bioturbation:an updated account[J]. Geobiology,2018,16(1):3-16.

[200] CANFIELD D E,POULTON S W,NARBONNE G M. Late-neoproterozoic deep-ocean oxygenation and the rise of animal life[J]. Science,2007,315(5808):92-95.

[201] LENTON T M,BOYLE R A,POULTON S W,et al. Co-evolution of eukaryotes and ocean oxygenation in the Neoproterozoic era[J]. Nature geoscience,2014,7(4):257-265.

[202] ALLER R C. Mobile deltaic and continental shelf muds as suboxic, fluidized bed reactors [J]. Marine Chemistry, 1998,61(3/4):143-155.

[203] MEILE C,VAN CAPPELLEN P. Particle age distributions and O_2 exposure times: Timescales in bioturbated sediments [J]. Global biogeochemical cycles, 2005, 19 (3):3013.

[204] DE LA ROCHA C L,PASSOW U. Factors influencing the sinking of POC and the efficiency of the biological carbon pump[J]. Deep sea research part Ⅱ:topical studies in oceanography,2007,54(5/6/7):639-658.

[205] ARMSTRONG R A,LEE C,HEDGES J I,et al. A new, mechanistic model for organic carbon fluxes in the ocean based on the quantitative association of POC with ballast minerals[J]. Deep sea research part Ⅱ:topical studies in oceanography,2001,49(1/2/3):219-236.

[206] TURNER J T. Zooplankton fecal pellets,marine snow,phytodetritus and the ocean's biological pump[J]. Progress in oceanography,2015,130:205-248.

[207] FOWLER S W,KNAUER G A. Role of large particles in the transport of elements and organic compounds through the oceanic water column[J]. Progress in oceanography, 1986,16(3):147-194.

[208] PASSOW U. Transparent exopolymer particles (TEP) in a-

quatic environments[J]. Progress in oceanography,2002,55(3/4):287-333.

[209] VAN NUGTEREN P,HERMAN P M J,MOODLEY L,et al. Spatial distribution of detrital resources determines the outcome of competition between bacteria and a facultative detritivorous worm [J]. Limnology and oceanography,2009,54(5):1413-1419.

[210] ZHAI L N,WU C D,YE Y T,et al. Marine redox variations during the Ediacaran-Cambrian transition on the Yangtze Platform,South China[J]. Geological journal,2018,53(1):58-79.

[211] STEINER M,ZHU M,ZHAO Y,et al. Lower Cambrian Burgess Shale-type fossil associations of South China[J]. Palaeogeography, palaeoclimatology, palaeoecology, 2005,220(1/2):129-152.

[212] STEINER M,LI G,QIAN Y,et al. Neoproterozoic to Early Cambrian small shelly fossil assemblages and a revised biostratigraphic correlation of the Yangtze Platform (China) [J]. Palaeogeography, palaeoclimatology, palaeoecology,2007,254(1/2):67-99.

[213] 赵方臣,朱茂炎,胡世学.云南寒武纪早期澄江动物群古群落分析[J].中国科学(地球科学),2010,40(9):1135-1153.

[214] ZHENG Y,LI Y,GUO J. Study on the small shellyfossils of lower cambrian in Zhenba County, Shaanxi Province[J]. Journal of geoscience and environment,1988(2):24-30.

[215] AHN S Y,ZHU M Y. Lowermost Cambrian acritarchs from the Yanjiahe Formation,South China:implication for defi-

ning the base of the Cambrian in the Yangtze Platform[J]. Geological magazine,2017,154(6):1217-1231.

[216] CHANG S,CLAUSEN S,ZHANG L,et al. New probable cnidarian fossils from the lower Cambrian of the Three Gorges area,South China,and their ecological implications [J]. Palaeogeography, palaeoclimatology, palaeoecology, 2018,505:150-166.

[217] CAO W,FENG Q,FENG F,et al. Radiolarian kalimnasphaera from the Cambrian shuijingtuo formation in South China[J]. Marine micropaleontology,2014,110:3-7.

[218] CLAUSEN S,HOU X,BERGSTRöM J,et al. The absence of echinoderms from the Lower Cambrian Chengjiang fauna of China:palaeoecological and palaeogeographical implications[J]. Palaeogeography,palaeoclimatology,palaeoecology,2010,294(3/4):133-141.

[219] MACKENZIE L A,HOFMANN M H,JUNYUAN C,et al. Stratigraphic controls of soft-bodied fossil occurrences in the Cambrian Chengjiang Biota Lagerstätte, Maotianshan Shale,Yunnan Province,China[J]. Palaeogeography,palaeoclimatology,palaeoecology,2015,420:96-115.

[220] JIANG G,WANG X,SHI X,et al. The origin of decoupled carbonate and organic carbon isotope signatures in the early Cambrian (ca. 542-520 Ma) Yangtze platform[J]. Earth and planetary science letters,2012,317/318:96-110.

[221] LIU K,FENG Q,SHEN J,et al. Increased productivity as a primary driver of marine anoxia in the Lower Cambrian [J]. Palaeogeography, palaeoclimatology, palaeoecology,

2018,491:1-9.

[222] CHEN X,LING H F,VANCE D,et al. Rise to modern levels of ocean oxygenation coincided with the Cambrian radiation of animals[J]. Nature communications,2015,6:7142.

[223] 张磊.华南峡东及浙西早寒武世(黔东世)生物群及其与古环境协同演化研究[D].武汉:中国地质大学,2014.

[224] QIAN Y. Taxonomy and biostratigraphy of small shelly fossils in China[M]. Beijing:Science Press,1999.

[225] YUAN X L,XIAO S H,PARSLEY R L,et al. Towering sponges in an early Cambrian lagerstätte:disparity between nonbilaterian and bilaterian epifaunal tierers at the neoproterozoic-Cambrian transition[J]. Geology, 2002, 30(4): 363-366.

[226] CHANG S,FENG Q,CLAUSEN S,et al. Sponge spicules from the lower Cambrian n the Yanjiahe Formation,South China:the earliest biomineralizing sponge record[J]. Palaeogeography, palaeoclimatology, palaeoecology, 2017, 474: 36-44.

[227] YUE Z. Microstructure and systematic position of Olivooides(Porifera)[J]. Bulletin of the institute of geology, Chinese academy of geological sciences,1986(14):147-152.

[228] 丁莲芳,李勇,陈会鑫.湖北宜昌震旦系-寒武系界线地层Micrhystridium regulare化石的发现及其地层意义[J].微体古生物学报,1992,9(3):303-309,345.

[229] STEINER M,LI G,QIAN Y,et al. Lower Cambrian small shelly fossils of northern Sichuan and southern Shaanxi (China), and their biostratigraphic importance[J]. Geo-

bios,2004,37(2):259-275.

[230] 朱茂炎.动物的起源和寒武纪大爆发:来自中国的化石证据[J].古生物学报,2010,49(3):269-287.

[231] TUCKER M E. The Precambrian-Cambrian boundary: seawater chemistry, ocean circulation and nutrient supply in metazoan evolution, extinction and biomineralization [J]. Journal of the geological society, 1992, 149(4): 655-668.

[232] ZHANG K, FENG Q. Early Cambrian radiolarians and sponge spicules from the niujiaohe formation in South China[J]. Palaeoworld, 2019, 28(3): 234-242.

[233] WANG Y, LI Y, ZHANG Z, et al. Note on small skeletal fossils from the uppermost shuijingtuo formation (early Cambrian) in the Yangtze gorge area[J]. Acta palaeontologica sinica, 2010, 49: 511-523.

[234] ZHENG S C, FENG Q L, TRIBOVILLARD N, et al. New insight into factors controlling organic matter distribution in lower Cambrian source rocks: a study from the qiongzhusi formation in South China[J]. Journal of earth science, 2020, 31(1): 181-194.

[235] ZHENG S, CLAUSEN S, FENG Q, et al. Review of organic-walled microfossils research from the Cambrian of China: implications for global phytoplankton diversity[J]. Review of palaeobotany and palynology, 2020, 276: 104191.

[236] ZHENG S C, FENG Q L, VAN DE VELDE S, et al. Microfossil assemblages and indication of the source and preservation pattern of organic matter from the early Cambrian in South China[J]. Journal of earth science, 2022, 33 (3):

802-819.

[237] KENNEDY M J,PEVEAR D R,HILL R J. Mineral surface control of organic carbon in black shale[J]. Science,2002,295(5555):657-660.

[238] KENNEDY M J, WAGNER T. Clay mineral continental amplifier for marine carbon sequestration in a greenhouse ocean[J]. Proceedings of the National Academy of Sciences of the United States of America, 2011, 108(24): 9776-9781.

[239] INGALLS A E,ALLER R C,LEE C,et al. Organic matter diagenesis in shallow water carbonate sediments[J]. Geochimica et cosmochimica acta, 2004, 68(21): 4363-4379.

[240] ZHANG L,CHANG S,KHAN M Z,et al. The link between metazoan diversity and paleo-oxygenation in the early Cambrian: an integrated palaeontological and geochemical record from the eastern Three Gorges Region of South China [J]. Palaeogeography, palaeoclimatology, palaeoecology, 2018,495:24-41.

[241] ZHANG L,DANELIAN T,FENG Q L,et al. On the Lower Cambrian biotic and geochemical record of the Hetang Formation (Yangtze Platform,South China):evidence for biogenic silica and possible presence of Radiolaria[J]. Journal of micropalaeontology,2013,32(2):207-217.

[242] BANAHAN S,GOERING J J. The production of biogenic silica and its accumulation on the southeastern Bering Sea shelf[J]. Continental shelf research, 1986, 5(1/2):

199-213.

[243] LYLE M,MURRAY D W,FINNEY B P,et al. The record of Late Pleistocene biogenic sedimentation in the eastern tropical Pacific Ocean[J]. Paleoceanography,1988,3(1):39-59.

[244] 卢龙飞,秦建中,申宝剑,等. 中上扬子地区五峰组—龙马溪组硅质页岩的生物成因证据及其与页岩气富集的关系[J]. 地学前缘,2018,25(4):226-236.

[245] SHANG X D,LIU P J,YANG B,et al. Ecology and phylogenetic affinity of the early Cambrian tubular microfossil megathrix longus[J]. Palaeontology,2016,59(1):13-28.

[246] CURTIS M E,SONDERGELD C H,AMBROSE R J,et al. Microstructural investigation of gas shales in two and three dimensions using nanometer-scale resolution imaging[J]. AAPG bulletin,2012,96(4):665-677.

[247] LOUCKS R G,REED R M,RUPPEL S C,et al. Morphology,genesis,and distribution of nanometer-scale pores in siliceous mudstones of the Mississippian barnett shale[J]. Journal of sedimentary research,2009,79(12):848-861.

[248] 张毅,郑书粲,高波,等. 四川广元上寺剖面上二叠统大隆组有机质分布特征与富集因素[J]. 地球科学,2017,42(6):1008-1025.

[249] 许效松,刘宝珺,牟传龙,等,中国中西部海相盆地分析与油气资源[M]. 北京:地质出版社, 2004.

[250] 何登发,李德生,张国伟,等. 四川多旋回叠合盆地的形成与演化[J]. 地质科学,2011,46(3):589-606.

[251] 杨森楠. 秦岭古生代陆间裂谷系的演化[J]. 地球科学,1985

(10):53-62.

[252] 杨巍然. 东秦岭"开""合"史[J]. 地球科学,1987(12):487-493.

[253] 吉让寿,秦德余,高长林. 古东秦岭洋关闭和华北与扬子两地块拼合[J]. 石油实验地质,1990,12(4):353-365.

[254] 李佐臣,裴先治,刘战庆,等. 扬子地块西北缘后龙门山南华纪-早古生代沉积地层特征及其形成环境[J]. 地球科学与环境学报,2011,33(2):117-124.

[255] 李皎,何登发. 四川盆地及邻区寒武纪古地理与构造—沉积环境演化[J]. 古地理学报,2014,16(4):441-460.

[256] 冯增昭,彭勇民,金振奎,等. 中国早寒武世岩相古地理[J]. 古地理学报,2002,4(1):1-12,97-98.

[257] 蒲心纯,叶红专,王剑. 早寒武世筇竹寺期岩相古地理[M]//中国南方岩相古地理与成矿作用. 北京:地质出版社,1993:40-76.

[258] GUO J,LI Y,LI G. Small shelly fossils from the early Cambrian Yanjiahe Formation, Yichang, Hubei, China [J]. Gondwana research,2014,25(3):999-1007.

[259] 罗惠麟,蒋志文,唐良栋. 中国下寒武统建阶层型剖面[M]. 昆明:云南科技出版社,1994.

[260] 莫雄. 川北广元地区寒武纪地层及沉积体系差异性研究[D]. 成都:成都理工大学,2012.

[261] 郑昊林,杨兴莲,赵元龙,等. 贵州金沙寒武系牛蹄塘组古盘虫类三叶虫的地层意义[J]. 贵州大学学报(自然科学版),2014,31(1):32-37.

[262] TRIBOVILLARD N,ALGEO T J,LYONS T,et al. Trace metals as paleoredox and paleoproductivity proxies:an up-

date[J]. Chemical geology,2006,232(1/2):12-32.

[263] 彭善池，汪啸风，肖书海，童金南，华洪，朱茂炎，等. 建议在我国统一使用全球通用的正式年代地层单位——埃迪卡拉系(纪) [J]. 地层学杂志,2012,36(1): 5.

[264] 朱茂炎,杨爱华,袁金良,等. 中国寒武纪综合地层和时间框架[J]. 中国科学:地球科学, 2019,49(1):40.

[265] 曹文超. 湖北秭归地区寒武系第二统水井沱组放射虫动物群[D]. 武汉:中国地质大学,2014.

[266] 马强分,冯庆来,曹文超,等. 鄂西寒武系第二统筇竹寺阶水井沱组放射虫动物群[J]. 中国科学(地球科学),2019,49(9):1357-1371.

[267] BROCKS J J,JARRETT A J M,SIRANTOINE E,et al. The rise of algae in Cryogenian Oceans and the emergence of animals[J]. Nature,2017,548(7669):578-581.

[268] YAO J X,XIAO S H,YIN L M,et al. Basal Cambrian microfossils from the yurtus and xishanblaq formations (Tarim,north-west China): systematic revision and biostratigraphic correlation of micrhystridium-like acritarchs[J]. Palaeontology,2005,48(4):687-708.

[269] MARTIN W,ROTTE C,HOFFMEISTER M,et al. Early cell evolution, eukaryotes, anoxia, sulfide, oxygen, fungi first (?),and a tree of genomes revisited[J]. IUBMB life, 2003,55(4/5):193-204.

[270] HARVEY T H P,BUTTERFIELD N J. Great Canadian lagerstätten 2. macroand microfossils of the mount cap formation (early and middle Cambrian,northwest territories) [J]. Geoscience Canada,2011,38:165-173.

[271] ERIKSSON M E, TERFELT F. Exceptionally preserved Cambrian trilobite digestive system revealed in 3D by synchrotron-radiation X-ray tomographic microscopy [J]. PLOS one,2012,7(4):e35625.
[272] DEVAERE L,CLAUSEN S,ALVARO J J,et al. Terreneuvian orthothecid (Hyolitha) digestive tracts from northern Montagne Noire,France;taphonomic,ontogenetic and phylogenetic implications[J]. PLOS one,2014,9(2):e88583.
[273] SLATER B J, HARVEY T H P, BUTTERFIELD N J. Small carbonaceous fossils (SCFs) from the Terreneuvian (lower Cambrian) of Baltica[J]. Palaeontology, 2018, 61(3):417-439.
[274] KNOLL A H, CARROLL S B. Early animal evolution: emerging views from comparative biology and geology[J]. Science,1999,284(5423):2129-2137.
[275] SHU D G,ISOZAKI Y,ZHANG X L,et al. Birth and early evolution of metazoans[J]. Gondwana research, 2014, 25(3):884-895.
[276] HATCH J R,LEVENTHAL J S. Relationship between inferred redox potential of the depositional environment and geochemistry of the Upper Pennsylvanian (Missourian) Stark Shale Member of the Dennis Limestone,Wabaunsee County,Kansas,U. S. A[J]. Chemical geology,1992,99(1/2/3):65-82.
[277] JONES B,MANNING D A C. Comparison of geochemical indices used for the interpretation of palaeoredox conditions in ancient mudstones[J]. Chemical geology,1994,111(1/2/

3/4):111-129.

[278] PIPER D Z, PERKINS R B. A modern vs. Permian black shale—the hydrography, primary productivity, and water-column chemistry of deposition [J]. Chemical geology, 2004,206(3/4):177-197.

[279] VERLAAN P A. The role of primary-producer-mediated organic complexation in regional variation in the supply of Mn, Fe, Co, Cu, Ni and Zn to oceanic, non-hydrothermal ferromanganese crusts and nodules[J]. Marine georesources & geotechnology,2008,26(4):214-230.

[280] MEYERS S R, SAGEMAN B B, LYONS T W. Organic carbon burial rate and the molybdenum proxy: theoretical framework and application to Cenomanian-Turonian oceanic anoxic event 2 [J]. Paleoceanography, 2005, 20 (2):PA2002.

[281] SHEN J, SCHOEPFER S D, FENG Q, et al. Marine productivity changes during the end-Permian crisis and Early Triassic recovery [J]. Earth-science reviews, 2015, 149: 136-162.

[282] ALGEO T J, MAYNARD J B. Trace-element behavior and redox facies in core shales of Upper Pennsylvanian Kansas-type cyclothems[J]. Chemical geology, 2004, 206 (3/4): 289-318.

[283] ALGEO T J, LYONS T W. Mo-total organic carbon covariation in modern anoxic marine environments: implications for analysis of paleoredox and paleohydrographic conditions [J]. Paleoceanography,2006,21(1):1-23.

[284] ALGEO T J. Environmental analysis of paleoceanographic systems based on molybdenum-uranium covariation[J]. Chemical geology,2009,268(3/4):211-225.

[285] LITTLE S H,VANCE D,LYONS T W,et al. Controls on trace metal authigenic enrichment in reducing sediments: insights from modern oxygen-deficient settings[J]. American journal of science,2015,315(2):77-119.

[286] TURGEON S,BRUMSACK H J. Anoxic vs dysoxic events reflected in sediment geochemistry during the Cenomanian-Turonian Boundary Event (Cretaceous) in the Umbria-Marche Basin of central Italy[J]. Chemical Geology,2006,234(3/4):321-339.

[287] MAMORU A,KOSHI Y,RYUICHI S. Hydrothermal chert and associated siliceous rocks from the northern Pacific their geological significance as indication od ocean ridge activity[J]. Sedimentary geology,1986,47(1/2):125-148.

[288] YAMAMOTO K. Geochemical characteristics and depositional environments of cherts and associated rocks in the Franciscan and Shimanto Terranes[J]. Sedimentary geology,1987,52(1/2):65-108.

[289] MALIVA R G,KNOLL A H,SIEVER R. Secular change in chert distribution:a reflection of evolving biological participation in the silica cycle[J]. Palaios,1989,4(6):519.

[290] BUDD G. At the origin of animals: the revolutionary Cambrian fossil record[J]. Current genomics, 2013, 14(6): 344-354.

[291] PRICE J R,VELBEL M A. Chemical weathering indices ap-

plied to weathering profiles developed on heterogeneous felsic metamorphic parent rocks[J]. Chemical geology, 2003,202(3/4):397-416.

[292] TYSON R V,FOLLOWS B. Palynofacies prediction of distance from sediment source:a case study from the Upper Cretaceous of the Pyrenees[J]. Geology,2000,28(6):569.

[293] POULTON S W,FRALICK P W,CANFIELD D E. Spatial variability in oceanic redox structure 1. 8 billion years ago [J]. Nature geoscience,2010,3(7):486-490.

[294] GUILBAUD R,SLATER B J,POULTON S W,et al. Oxygen minimum zones in the early Cambrian Ocean[J]. Geochemical perspectives letters,2018:33-38.

[295] YANG R,ZHAO Y,GUO Q. Algae and acritarchs and their palaeooceanographic significance from the early early Cambrian black shale in Guizhou,China[J]. Acta palaeontologica sinica,1999,38:154-160.

[296] JIN C S,LI C,ALGEO T J,et al. Evidence for marine redox control on spatial colonization of early animals during Cambrian Age 3 (c. 521-514 Ma) in South China[J]. Geological magazine,2017,154(6):1360-1370.

[297] GELIN F,VOLKMAN J K,LARGEAU C,et al. Distribution of aliphatic, nonhydrolyzable biopolymers in marine microalgae[J]. Organic geochemistry, 1999, 30 (2/3): 147-159.

[298] VERDUGO P,SANTSCHI P H. Polymer dynamics of DOC networks and gel formation in seawater[J]. Deep sea research part II: topical studies in oceanography, 2010, 57

(16):1486-1493.

[299] PETERSEN B M, BERNTSEN J, HANSEN S, et al. CN-SIM—a model for the turnover of soil organic matter. I. Long-term carbon and radiocarbon development[J]. Soil biology and biochemistry, 2005, 37(2): 359-374.

[300] 张宝民,张水昌,尹磊明,等. 塔里木盆地晚奥陶世良里塔格型生烃母质生物[J]. 微体古生物学报, 2005, 22(3): 243-250.

[301] MEYER-BERTHAUD B, SERVAIS T, VECOLI M, et al. The terrestrialization process: a palaeobotanical and palynological perspective[J]. Review of palaeobotany and palynology, 2016, 224: 1-3.

[302] OZAKI K, TAJIMA S, TAJIKA E, et al. Conditions required for oceanic anoxia/euxinia: constraints from a one-dimensional ocean biogeochemical cycle model[J]. Earth and planetary science letters, 2011, 304(1/2): 270-279.

[303] BATTEN S D, FREELAND H J. Plankton populations at the bifurcation of the north Pacific Current[J]. Fisheries oceanography, 2007, 16(6): 536-546.

[304] CREMONESE Z M, STRAUSS H, SHIELDS G A. From snowball earth to the Cambrian bioradiation: Calibration of Ediacaran-Cambrian earth history in South China[J]. Palaeogeography, palaeoclimatology, palaeoecology, 2007, 254(1/2): 1-6.

[305] DONG L, SHEN B, LEE C T A, et al. Germanium/silicon of the Ediacaran-Cambrian Laobao cherts: implications for the bedded chert formation and paleoenvironment interpreta-

tions[J]. Geochemistry, geophysics, geosystems, 2015, 16(3):751-763.

[306] GUILBAUD R,SLATER B J,POULTON S W,et al. Oxygen minimum zones in the early Cambrian Ocean[J]. Geochemical perspectives letters,2018:33-38.

[307] RACKI G,CORDEY F. Radiolarian palaeoecology and radiolarites:is the present the key to the past? [J]. Earth-science reviews,2000,52(1/2/3):83-120.

[308] BRAUN A, CHEN J, WALOSZEK D, et al. First early Cambrian radiolaria[J]. Geological society,London,Special Publications,2007,286(1):143-149.

[309] CARON D A,MICHAELS A F,SWANBERG N R,et al. Primary productivity by symbiont-bearing planktonic sarcodines (Acantharia, Radiolaria, Foraminifera) in surface waters near Bermuda[J]. Journal of plankton research, 1995,17(1):103-129.

[310] DENNETT M R,CARON D A,MICHAELS A F,et al. Video plankton recorder reveals high abundances of colonial Radiolaria in surface waters of the central North Pacific [J]. Journal of plankton research,2002,24(8):797-805.

[311] ROBINSON D H,SULLIVAN C W. How do diatoms make silicon biominerals? [J]. Trends in biochemical sciences, 1987,12:151-154.